Pl▶g&Vl▶g
图片与短视频
配色调色手册

杨龙稳◎著

北京大学出版社
PEKING UNIVERSITY PRESS

内 容 提 要

本书是一本讲解 Plog&Vlog 配色调色的教程书，共有 7 个章节。第 1 章认识 Plog 与 Vlog；第 2 章讲解配色基础知识；第 3 章讲解调色通用法则；第 4 章讲解基础调色技巧；第 5 章到第 7 章分别讲解流行色系配色、主题风格配色、电影配色的实战案例。本书采用"配色参考 + 选取配色 + 配色思路 + 应用效果 + 操作步骤 + 扩展应用"的教学结构，极易上手，适合对 Plog&Vlog 感兴趣的读者学习。

图书在版编目（CIP）数据

Plog&Vlog 图片与短视频配色调色手册 / 杨龙稳著 . 北京：北京大学出版社，2024. 11. -- ISBN 978-7-301-35281-6

Ⅰ . TN929.53-62；TP391.413-62

中国国家版本馆 CIP 数据核字第 20245U3512 号

书　　　名	**Plog&Vlog 图片与短视频配色调色手册**
	PLOG&VLOG TUPIAN YU DUANSHIPIN PEISE TIAOSE SHOUCE
著作责任者	杨龙稳　著
责 任 编 辑	王继伟
标 准 书 号	ISBN 978-7-301-35281-6
出 版 发 行	北京大学出版社
地　　　址	北京市海淀区成府路 205 号　100871
网　　　址	http://www.pup.cn　　新浪微博：@北京大学出版社
电 子 邮 箱	编辑部 pup7@pup.cn　总编室 zpup@pup.cn
电　　　话	邮购部 010-62752015　发行部 010-62750672　编辑部 010-62570390
印 刷 者	天津中印联印务有限公司
经 销 者	新华书店
	787 毫米 ×1092 毫米　16 开本　15 印张　374 千字
	2024 年 11 月第 1 版　2024 年 11 月第 1 次印刷
印　　　数	1-4000 册
定　　　价	99.00 元

前　言

　　在全民自媒体的时代，人们习惯在各种社交平台上展示自己最好的一面，表达对美好生活的热爱和向往，因此 Plog（用图片记录生活）和 Vlog（用视频记录生活）逐渐兴起。随着手机拍照、摄像功能的逐渐完善，比起携带不方便的相机，大众更倾向于手机摄影、手机修图。然而，要想把图片修得漂亮，除了构图、美肤、修身，配色也是体现照片风格的一大亮点。"懒人"修图习惯用 App 自带的滤镜，但滤镜是固定参数，要想调出有细节、独一无二的色调，就需要懂得色彩的基本理论和调色的通用法则，这样无论遇到什么样的照片，都可以调出合适的、理想的色调。

　　本书解释了色彩关系、配色玩法，以及如何自行配色并且应用在记录日常生活上面，用简单的方式让你爱上记录生活这件事。文风生动有趣，展示细节并做出说明，"傻瓜"式操作让读者轻松掌握爆款色调、流行色调、经典电影主题色调等。学习完本书，可以让读者达到看到喜欢的色调就能将它调出来的程度。

⬤ ◯ ◖

资源获取 ▶

　　本书附赠资源可用微信扫一扫右方二维码，关注微信公众号，然后输入本书第 77 页资源下载码，根据提示获取。

"博雅读书社"
微信公众号

第1章 认识 Plog 与 Vlog

第2章 配色基础知识

认识 Plog 与 Vlog

第 1 章

1.1 | 随处可见的 Plog 与 Vlog

1.1.1 什么是 Plog/Vlog

　　Plog 和 Vlog 是两种不同的记录生活的方式。

　　Plog，全称是 Photo blog，是用照片、图片的形式记录日志和日常生活。它的展现形式多为纯图片，相对于 Vlog 来说，Plog 的拍摄难度和后期难度都相对较小。拍摄只需要进行照片拍摄即可，后期需要对所拍照片进行修图。Plog 的素材广泛，可以是美食、风景、人像、天气等，题材范围广，可自由发挥。

　　Vlog，全称是 Video blog，是使用视频的形式记录生活的各个方面，如旅行、美食、感想、工作等。它以讲故事、纪录片的方式，加上后期的剪辑和对画面的修饰调色，来达到更好的展示效果，让观众感觉到亲切、有趣、愉悦。Vlog 的素材大多源自作者的生活，相较于 Plog，Vlog 的拍摄难度和后期难度都相对较大。

1.1.2 Plog/Vlog 各自的特点

　　（1）展现形式：Plog 的展现形式为纯图片，而 Vlog 的展现形式则为视频。

　　（2）拍摄难度：Plog 素材是拍摄的照片，需要用到摄影的相关知识，而拍摄 Vlog 不仅需要有摄影的知识，还要懂得运镜和调度等视听语言知识。

　　（3）后期难度：Plog 的后期需要对照片进行剪裁、调色等，不过都是静态的调整，而 Vlog 则需要对素材进行一定的剪辑调整、重构组合、添加音乐和字幕。

1.1.3 全民记录生活

　　Plog 和 Vlog 都是表达自我和分享经验的一种方式，无论是用照片还是视频，记录下来的日常点滴都给生活留下了痕迹，有助于人们回顾和珍惜每一个瞬间。通过图片和视频，人们可以向他人展示自己的生活、观点和感受。这种表达方式比文字更加直观、生动，能够引发观众的共鸣和情感共振。此外，Plog 和 Vlog 还具有一定的社交价值。通过分享自己的日常生活，人们可以与他人建立联系，增进彼此之间的了解和互动。同时，观看他人的 Plog 和 Vlog 也可以让人们发现新的兴趣爱好和生活方式，拓宽自己的视野。最后，Plog 和 Vlog 还有一定的娱乐价值。通过拍摄和观看有趣的图片和视频，人们可以在忙碌的生活中寻找到乐趣和放松的方式。

1.2 Plog 与 Vlog 的发布平台

1.2.1 朋友圈 / 视频号

发现

朋友圈

朋友圈 / 视频号是微信平台上的社交媒体，在微信的"发现"菜单里。在朋友圈 / 视频号上实时发布 Plog 和 Vlog，可以与朋友分享自己的生活，并获得他们的评论和点赞，增强社交互动性。朋友圈 / 视频号支持多种形式的内容发布，包括文字、图片、视频等，它还提供了隐私设置功能，用户可以根据自己的需求设置内容的可见范围，保护个人隐私和信息安全，发布更自由。

1.2.2 小红书

小红书的用户主要是年轻女性，她们有着较高的购买力和对生活品质的追求。在小红书上发布 Plog 和 Vlog 可以精准地面向目标受众，吸引她们的关注和互动。小红书的社区氛围较好，用户之间可以互相交流、分享自己的生活点滴，获得更多的曝光和关注。小红书同样支持图片、视频、文字等多种形式的内容发布，同时还提供了丰富的标签、话题等功能，可以让用户更好地分类和搜索内容。

1.2.3 抖音

抖音是一个拥有亿级用户的社交媒体平台，用户群体广泛，覆盖各个年龄段和兴趣领域。在抖音上发布 Plog 和 Vlog 可以吸引更多的观众，提高曝光度和影响力。抖音提供了便捷的分享功能，用户可以将自己的 Plog 和 Vlog 分享到其他社交媒体平台，如微信、微博等，进一步扩大受众范围。抖音仅支持图片和视频两种形式的内容发布，但它提供了丰富的特效、滤镜等功能，可以让用户轻松制作出高质量的 Plog 和 Vlog，因此非常受欢迎。抖音支持实时互动，用户可以在观看 Plog 和 Vlog 的同时进行评论、点赞等操作，与创作者进行互动交流。这种互动方式有助于增强观众与创作者之间的联系，提高用户黏性。

1.2.4 B 站

B 站是哔哩哔哩的简称，也是一个专业的视频分享平台，用户群体主要以二次元文化和创意视频爱好者为主。在这个平台上发布 Plog 和 Vlog 可以吸引更多兴趣爱好相同的人群。B 站对创作者非常友好，提供了高度自由的创作空间。创作者可以根据自己的兴趣和创意进行创作，内容审核限制比较合理，让创作更加自由和多样化。B 站支持多种格式的视频发布，也提供了多种特效、字幕、音效等功能，可以让创作者更加灵活地展示自己的作品，提升作品的表现力。同时，B 站的用户非常活跃，有丰富的互动方式，如评论、弹幕、点赞等。

1.3 | Plog&Vlog 手机常用调色工具

1.3.1 Lightroom

Lightroom是Adobe Photoshop Lightroom的简称，是一款免费的照片和视频编辑器，操作便捷，具有多种强大的照片预设和滤镜，能够一键轻松美化照片。

Lightroom 修图软件提供便捷易用的图片和视频编辑工具，可以使用目标移除、背景微调等功能来精修图片；也可以使用预设功能快速处理素材，创作栩栩如生的视频和短视频。

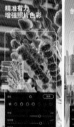

1.3.2 醒图

醒图是一款操作简单、功能强大的全能修图App，滤镜种类丰富，可以轻松调色、一键美颜，细节调整精准，一站式满足全部修图需求。本书5~7章大部分使用醒图 App 进行案例实操。

1.3.3 Picsart 美易

Picsart 美易是一款一体式编辑器，拥有众多工具，包含照片编辑器和视频编辑器。使用Picsart 美易可以制作专业水准的拼贴画、设计并添加贴纸、快速移除和更换背景，体验流行编辑，比如黄金时刻、镜中自拍、复古噪点滤镜或千禧滤镜，将创意变为现实。

配色基础知识

第 2 章

2.1 | 认识色相环

2.1.1 邻近色

无论是色光三原色还是颜料三原色，黄色的邻近色都是红色和绿色，如果同时增加红色和绿色，就可以混合出黄色。

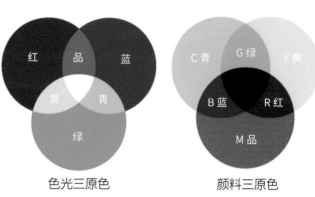

色光三原色　　　　颜料三原色

把彩虹的色彩围成一圈就形成了色相环，红、绿、蓝三种颜色处于色相环的三等分位置。在色相环中，彼此相邻的两种颜色就叫作邻近色。邻近色的搭配在摄影创作中很常见，它带来的视觉感受是和谐而稳定的，但难以给观赏者明显的刺激。

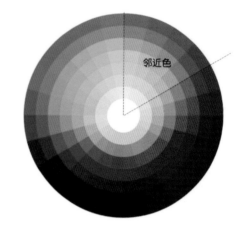

1 应用效果

邻近色给人的感觉是舒适、柔和的，通常运用在穿搭设计、主题拍摄等方面。

2 ▶ 配色思路

邻近色搭配：色相环上 90°角内的三个相邻的色相搭配在一起画面会很和谐。由于色相对比不强，给人以平静、舒适的感觉，因而可以在同一个色调中制造丰富的质感和层次。

如果想要有出色的颜色搭配，就必须有正确的色彩比例。日本设计师提出了 70:25:5 的黄金配色比例，这三个值分别是主色、辅助色和点缀色。或者四边形配色——在色相环上取矩形的四个角的颜色，选择其中一种颜色为大面积主色，另外三种颜色为辅助色和点缀色。在摄影中，掌握画面的冷暖色调非常重要。

2.1.2 ▶ 同类色

同类色很简单，同一色相上有深浅变化的颜色就叫作同类色。色相环上 15°夹角内的颜色都是同类色。

例如，深红和浅红就是同类色，以此类推，深蓝和浅蓝、深绿和浅绿等相差不多的颜色就是同类色，相差较多的颜色就是邻近色了。

可以发现，颜色越接近，对比度越低，会使视觉更舒适。初学者可以记住色相环并将相似的颜色搭配在一起，这样更有利于画面的和谐。

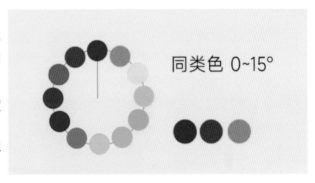

颜色差异小，一般通过明度与饱和度来表现层次变化。同类色配色更注重形式、造型、光影的变化，相比之下容易显得单调乏味。

1 ▶ 应用效果

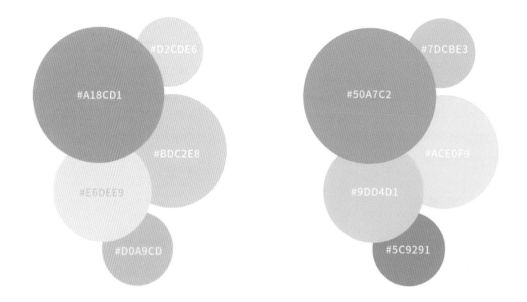

2 ▶ 配色思路

同类色给人的感觉是专心致志、平心静气的，营造出的是一种沉静的、不拥挤的气氛。同类色是同一种色相的不同明度或不同纯度变化的对比，俗称姐妹色，它是色相中最弱的对比。

它在设计与主题拍摄中使用较多，同类色进行配色，可以创造出柔和、舒适的视觉效果。比如在海洋、自然等主题的拍摄中，使用同类色能够让人们产生亲近自然的舒适感。

同类色可以在穿搭中突出重点。在同类色的基础上，选用一个明亮的颜色，来突出穿搭中需要强调的部分，这种技巧被称为同类色突出法。

同类色可以用于创造空间感。在设计中使用同类色来渐变，可以创造出深度和空间感，使设计更有层次感，更加立体。

同类色还可以用于创建视觉层次。当使用同类色时，可以从深色开始，逐渐向浅色过渡，这样就能创造出明暗层次，使设计更加生动有趣。

2.1.3 ▶ 互补色

互补色是指在 24 色相环上相距 120°到 180°角的两种颜色，如绿色和洋红、黄色和蓝色、红色和青色。在光学中，两种色光以适当的比例混合之后能产生白光，这两种颜色就称为互补色。

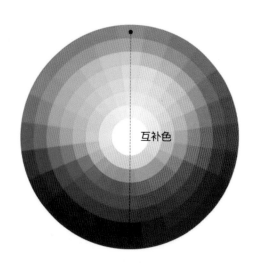

互补色

互补色并列时，会产生对比强烈的色觉，让人感到红的更红、绿的更绿。

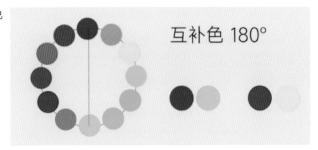

1▶ 应用效果

2▶ 配色思路

　　简单来说，如果把互补色放在一起将会产生强烈的对比效果，让画面更有活力。如果是色彩纯度比较高的互补色，对比就更强烈，视觉冲击力更大。如果要应用对比又想要画面色彩和谐，最好的办法就是改变明度、降低纯度，这样看起来会柔和许多。色彩中的互补色相互调和会使色彩纯度降低，变成灰色。一般作画时是不用互补色调和的。不过在两种颜色为互补色的情况下，当一种颜色所占的面积远大于另一种颜色所占的面积时，使用对应互补色可以增强画面的对比，使画面更显眼。

　　拍摄时可以用不同颜色进行大胆撞击，打破常规审美，带来新鲜的视觉体验，模特在动作上可以幅度大一些来增强画面张力，配合道具能产生夸张无厘头的表演感。摄影师可以尝试打破常规的拍摄角度和构图，比如大角度仰拍或俯拍，利用广角镜头增加力量感，这些也会让画面更加有趣。

2.1.4▶ 黑白灰

　　黑白灰堪称经典色，如果设计得好就特别适合家装空间。比如中式建筑上的白墙黛瓦就是遵循了这种美学规律，灰色作为背景色及过渡色，与黑色、白色搭配，更是相得益彰。

虽然黑白灰属于经典色，但是搭配不好的话，一样会看着不舒服、不顺眼。

黑白灰属于无彩色系，色相环则是根据原色来制定的。没有原色则是白，原色完全混合则是黑，灰是黑白之间的过渡。因此，色相环上没有黑白灰。从色调上分：白色属冷，黑色属暖，灰色是中性色。

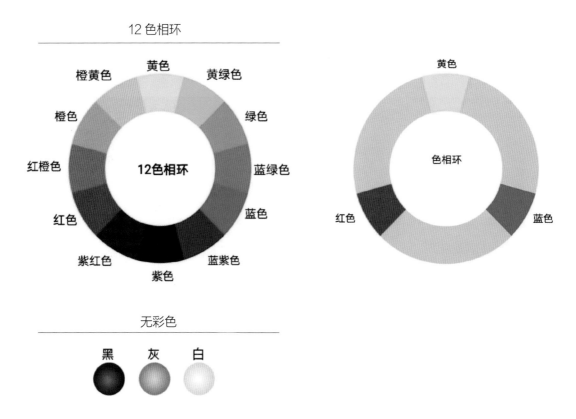

1▶ 应用效果

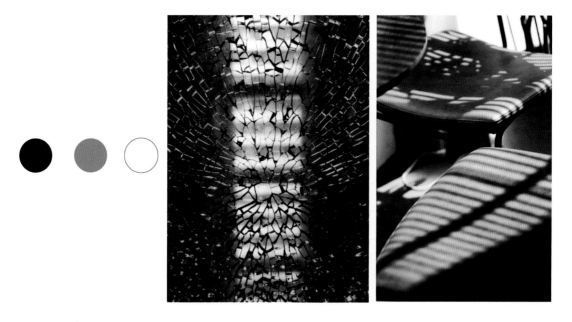

2▶ 配色思路

黑白灰的运用实在是太广泛了，这里只做简单介绍。

拍人像时尽量用干净简单的背景。黑白摄影的迷人之处有一部分在于高反差的视觉效果，而在黑白人像的拍摄方面，为了凸显人物主体，一般会选择较简单甚至单色的背景来做搭配。如果背景实在过于杂乱又无法整理，也可以采用大光圈镜头进行拍摄，以浅景深的方式让人物背后的景色模糊化，达到将人与景分离的目的。

同时，黑白灰在设计上也是非常受欢迎的，是经典的简约主题。

2.2 | 色彩搭配法则

2.2.1▶ 单色

当你改变看待事物的方式时，你看到的事物也会发生改变。本书中指的"单色"不单单是黑白图片，还包含色卡的创作。比如说"白色"色卡能提亮整体画面，塑造冷白皮；"绿色"色卡能塑造港风效果。

1▶ 应用效果

2 ▶ 配色思路

黑白单色非常适合景观、建筑、抽象摄影等对形状和线条组成非常看重的拍摄。但有时颜色在图片中发挥了很重要的作用，比如拍摄主题为秋天，这种拍摄方法就不太合适了。

单色色卡融合需要做整体风格的分析，根据想要的效果搭配使用。

演示如下。

　　首先我们分析画面。画面偏向冷色，如果我们想得到港风效果就需要添加一点绿色，同时画面还具备一些明亮点，那么可以叠加相似颜色的色卡。

　　接下来添加相应的色卡进行叠加操作，补充缺失的部分就可以得到成品。

　　每种经典色调都有各自的搭配特点，也就是这个风格的搭配法则，只要多多尝试，就能逐渐掌握。

2.2.2 双色

　　双色一般有两种选择，一种是补色搭配，另一种是类色搭配。补色即在色相环中的两个相对的颜色，如红与绿、黄与紫、橙与蓝。补色搭配能使色彩之间的对比效果最强烈，在舞美设计、平面设计、广告设计中应用得最多。类色则是色彩较为相近的颜色，比如橘红和橘黄、紫罗兰和玫瑰红，以及其他在色相环上邻近的色彩。类色搭配不会发生冲突，把它们组合起来，可以营造出更为协调、平和的氛围。

1 应用效果

2▶ 配色思路

主要色相抽象的联想——红色→热情；橙色→温暖、欢乐；黄色→光明、快乐；绿色→和平、新鲜；蓝色→安宁、平静、理智；紫色→优雅、高贵、庄重、神秘；黑色→恐怖、死亡；白色→纯洁、神圣、清净；灰色→谦逊等。在实际应用中，游戏类站点适合用黑色，显得比较神秘；旅游类站点可以选用草绿搭配黄色；政府类站点可以使用红色、蓝色；时装类站点可以选择高级灰、紫色等，突出高雅氛围；校园类站点适合用绿色；科技类站点适合用深蓝色；新闻类站点适合用深红色或黑色，搭配高级灰等。灵活地运用色彩的联想，往往会有意想不到的效果。

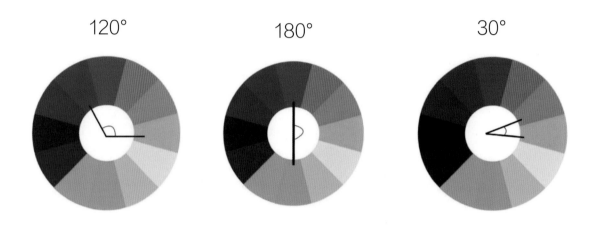

初学者可以参考色相环进行调节，双色混合调节也会在后面的实战环节中详细讲解。

2.2.3▶ 三色

运用好三色原则，可以让整体风格看起来更加简洁、精致。

我们通过前两节已经了解了一些基础的颜色搭配规则。例如，相邻的颜色会产生渐变的效果，而互补的颜色会产生对比的效果。在使用三色原则时，可以选择一种主色调，再加上一种相邻的颜色和一种互补的颜色。

三色搭配法是一种国际流行的设计原则，它基于一系列调色常识和技术，包括色彩搭配、类型、特定的调色表、色相、饱和度和明度等概念，用来创建美观的颜色搭配。在三色搭配原则中，考虑到色彩的关系和光照效果，颜色的搭配需要仔细斟酌，以避免出现浓烈的色彩对比，要提供一个平和的色彩环境，从而达成富有美感的和谐。

三色搭配原则以三种不同的颜色为基准，即主色、互补色和点缀色。主色是色系搭配的主要颜色，而互补色是主色的补充。在三色搭配原则中，互补色的色调不同于主色的色调，点缀色则富有变化，可作为对比，提升主色的层次感。

下面以服装搭配为例进行展示。

1▶ 应用效果

2▶ 配色思路

（1）同类色搭配。

色相环上夹角为 60° 的三个相邻的色相称为同类色，将它们搭配在一起会很和谐。例如，红 + 红橙 + 橙，黄 + 黄绿 + 绿，蓝 + 蓝紫 + 紫等均为同类色。同类色的色相对比不强，给人以平静、舒适的感觉，可以在同一个色调中形成丰富的质感和层次。

附上一张简易色相环。

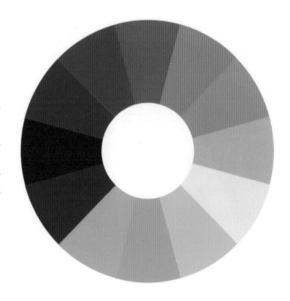

（2）三角对立配色。

例如，红、黄、蓝三色在色相环上的位置刚好组成一个等边三角形，要寻找三种互相平衡的颜色，可以选择 12 色相环上任意三个三角对立的颜色。如果想要表达畅快明朗、华丽开放、成熟稳定、阳光轻快之类的意象主题，可以运用三角形配色。三角形配色中可加入少量其他颜色，形成更为稳定的配色。要成功地使用三色系产生和谐效果，需要谨慎地在色彩间取得平衡，可以只用一种主色，其他两种颜色做烘托。

（3）选择要模仿的照片，选择颜色、叠加处理，这就考验大家对于颜色的理解了。

2.2.4 ▶ 多色

多种色彩搭配在一起时，主要按照以下两个原则进行搭配。

主色搭配：主色是多种色彩进行搭配时，处于支配地位或占明显优势的颜色。主色搭配就是要让所有的颜色具有统一的色相倾向，也就是说，让所有的颜色被同一色相所支配。

主色调搭配：由一种特定色调统一整体配色，这种配色方式不限定主色，只要搭配在一起的颜色属于同一种色调就可以。同一种色调的颜色组合在一起可以形成统一的感觉，这是主色调搭配的特点之一。

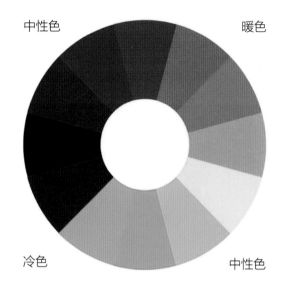

中性色　　　暖色

冷色　　　中性色

1 ▶ 应用效果

2 ▶ 配色思路

四方补色和四方色的差别在于，四方补色采用的是一个矩形，通过一组互补色两旁的颜色建立的色彩组合。如右图中的互补色橙色和蓝色，分别选用它们两旁的颜色来建立矩形，最终取得橙红色、橙黄色、蓝绿色和蓝紫色。

四方补色

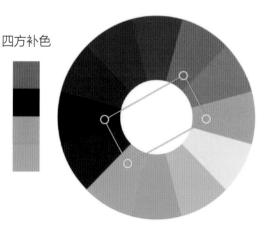

四方色是在色相环上画一个正方形，取四个角的颜色，如右图中的紫红色、橙色、黄绿色和蓝色。这种颜色真的很好看，自己可以多用心感受一下，尤其是使用其中一种颜色作为主色，其他三种颜色作为辅助色时。

四方色

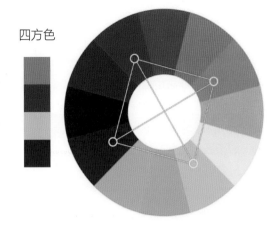

这两种配色思路都可以用于穿搭，或者主题拍摄、MV 拍摄、个性写真的搭景、设计、动画等，毕竟基础原理是相通的。

2.3 | 获取配色方案的途径

2.3.1 ▶ 生活

大自然无时无刻不在散发自己的魅力，而我们应该记录下来这些美妙的时刻及它们的色彩。

1 ▶ 应用效果

2 ▶ 配色思路

下面的第一种配色非常适合有较重的人文色彩的扫街风格，提取其中的一种或多种颜色，分析我们需要调整的某张图，然后进行叠加调整。第二种配色非常适合落日等黄色系列作品。第三种和第四种配色则非常适合《天气之子》这类日系漫画风格。

2.3.2 作品

　　每位从人海中走出的摄影师、画家、设计师都会有自己的风格，带着自己独特的印记。但这些风格都有一定的规律，比如王家卫的风格是画面偏黄、偏绿，爱用镜子；赛博朋克风格使用蓝色调及品红色调较多，极具科技感和未来感。

1 应用效果

2 配色思路

在收集到作品后，分析它的颜色构成，形成自己的色卡，使用时只需提取色卡颜色即可。

2.3.3 提取色卡

提取色卡是使用颜色的必要步骤，分析我们收集的图片，使用吸管工具吸取需要的颜色添加为背景，背景就会变成我们吸取的色调，然后移除原图，单独保存剩下的背景，就能得到我们需要的色卡了。

1 应用效果

提取画面构成的主要色调。

2 配色思路

根据我们需要调整的风格吸取主体色调制作色卡，然后在后期调整中导入色卡素材，使用混合调节，达到快速修图、快速调整视频的效果。

3▶ 操作步骤

01 打开"醒图"App，点击"修图"页上的"导入"按钮，导入拍摄的照片素材。

02 在底部菜单栏中选择"背景"，点击左下角的吸管工具，吸取想要的色调（根据画面主色调进行吸取，方便后面叠加处理）。

03 点击选中图片，将图片移出画面，得到纯色背景色卡（得到背景色后移除图片，相当于移除了两个图层中的一个图层）。

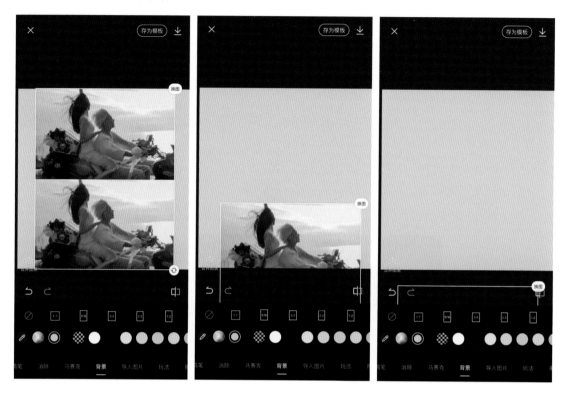

04 将色卡保存至相册查看。

3

第 3 章

调色通用法则

3.1 ┃ 亮度与曝光

3.1.1 亮度

1 功能描述

亮度有明暗度和对比度之分。用最通俗的话来解释，亮度就是整体画面提亮或减暗，比如晚上在屋子里，用 30W、100W 和 500W 灯泡的区别，即整体光线的改变。改变亮度的方法很多，最简单的就是"调色"中的"曲线"功能。

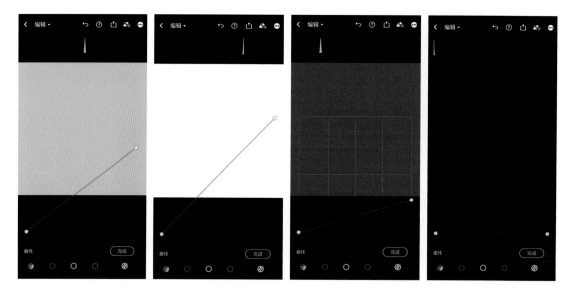

2 配色思路

RGB 曲线是控制图像中红、绿、蓝三种颜色通道的亮度和对比度的调整工具。调整 RGB 曲线可以优化图像的明暗、对比度和色彩平衡等，这里我们只使用白色曲线。

（1）打开图像编辑软件，并在菜单中找到 RGB 曲线选项。

（2）点击 RGB 曲线，会出现一个弹出框。该弹出框显示了三条曲线，分别表示红色通道、蓝色通道、绿色通道。

（3）调整每个通道的曲线来达到所需的效果。比如将曲线向上移动可以增强亮度，向下移动可以降低亮度。将 S 形曲线调整成一条平直曲线可以改善对比度或整体的亮度。

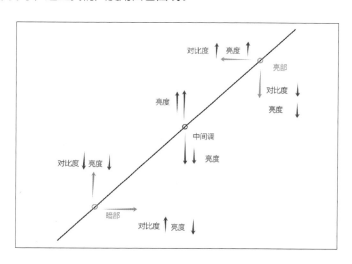

3 应用效果

4 操作步骤

01 打开"Lightroom"App，点击右下角的小相机图标，选择"从'相机胶卷'中"导入照片素材。

02 在底部菜单栏中选择"亮度"，点击菜单栏右上角的"曲线"图标，打开曲线工具，选择白色曲线调整画面整体亮度。

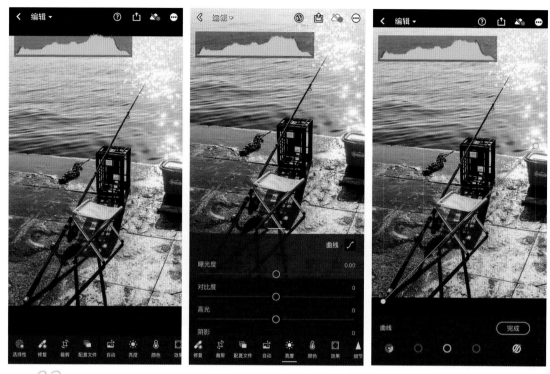

03 在曲线上的高光、阴影、中间调部分分别打点（曲线工具打的点是为了固定点，不然局部调整会影响到全局），然后下压高光部分，提升阴影部分，达到想要的效果。最后点击画面右上角的第三个图标，选择"导出到相机相册"保存成片，即可在手机相册里查看。

3.1.2 曝光

1 功能描述

曝光是让描绘景物的光线进入相机，照射到胶片或感光元件（CCD 或 CMOS）上，使其记录下光线的影像或信息。这一时间可长可短，要根据拍摄环境、创意等来决定。如拍摄夜晚车流或月亮"行走的轨迹"，就需要长时间曝光。

如何理解"正确曝光"？正确曝光是一种主观行为，就是拍摄者在准确曝光的基础上，有意识地增加或减少曝光量，追求自己认为正确的曝光，以实现自己的创作目的和表现愿望。而准确曝光是一个客观概念，它是按景物中 18% 反射率的中灰亮度调节曝光，以获得丰富的影调和层次。正确曝光含有准确曝光和为了实现某种艺术效果的不准确曝光，这种不准确曝光是根据拍摄者需要而决定的。在拍摄实践中，我们使用最多的是正确曝光，而不是准确曝光。

曝光可以在后期的直方图中直观感受到，同时可以用来调整整体亮度。

分别向左及向右调整曝光度，可以看到直方图的变动。

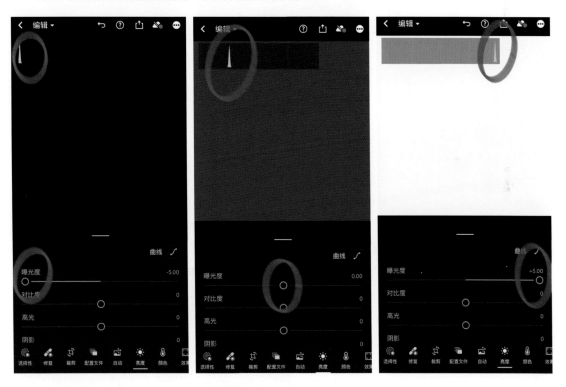

2 配色思路

在相机或手机中，ISO（感光度）被定义为相机或手机对光线的敏感程度，即 ISO 越高，相机或手机对光线越敏感，画面就会越明亮。需要注意的是，ISO 越高，图像的噪点也会越高，就像以前的雪花电视。所以，为了更好的画质，不到万不得已，不要随便提升 ISO。

曝光三要素的总结与应用：曝光三要素（光圈、快门、ISO）就是控制光线的三个元素。光圈、快门分别以进光口大小及进光时间长短来控制进光量。而除了控制光线，它们还有自己独有的作用：光圈可以调整背景虚化效果，快门可以调节运动物体的形态。既然这三者都可以调节曝光程度，我们该如何平衡它们呢？需要根据不同的场景及想要的效果调节不同的参数，但在后期中，我们只要把控曝光、黑色色阶、白色色阶及白色曲线的使用就行。

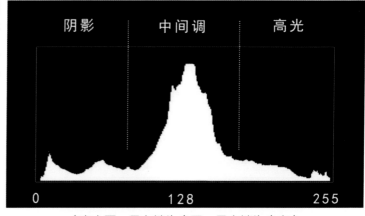

阴影　　　中间调　　　高光

0　　　　128　　　　255

（直方图：最左端为全黑、最右端为全白）

3▶ 应用效果

整体干净、整洁、舒适的小清新风格。

4▶ 操作步骤

01 打开"Lightroom"App，点击右下角的小相机图标，选择"从'相机胶卷'中"导入照片素材。

02 在底部菜单栏中选择"亮度",设置"曝光度"为 +0.58、"阴影"为 +30(曝光向右偏移增加整体画面曝光,反之则减少;阴影向右偏移增加阴影部分的亮度,反之则减少)。

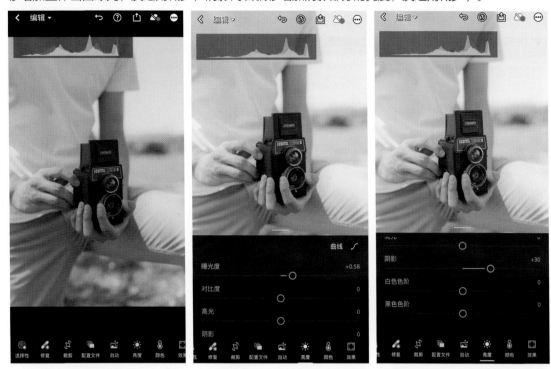

03 设置"白色色阶"为 –30、"黑色色阶"为 +85(白色色阶在画面中代表白色及高光部分,减少白色色阶能在一定程度上有效控制画面不过曝。黑色色阶控制画面最暗部分的亮度,向右偏移增加亮度,反之则减少),上滑菜单栏点击"曲线"图标。

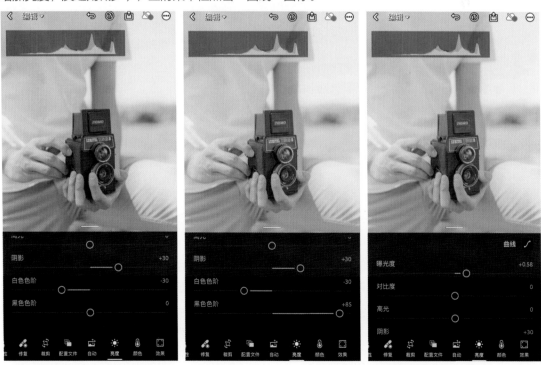

04 在白色曲线上的高光、阴影、中间调部分分别打点固定（曲线打点固定位置以免调整影响整体），然后下压阴影部分，最后点击画面右上角的第三个图标，选择"导出到相机相册"保存成片，即可在手机相册里查看。

3.2 | ▶ HSL 调色模式

3.2.1 ▸ 色相

1 ▸ 功能描述

色相是色彩的首要特征，也是区别各种不同色彩的最准确的标准。事实上任何黑白灰以外的颜色都有色相的属性，而色相也是由原色、间色和复色构成的。

自然界中的色相是无限丰富的，如紫红、银灰、橙黄等。色相即各类色彩的相貌称谓，是颜色测量术语，颜色的属性之一，用来区别红、黄、绿、蓝等各种颜色。

色相的感知属性与光的波长密切相关，因为每种波长的光都对应着一种具体的色相。而人眼可以感知的波长范围在 400 纳米～700 纳米，因此色相的范围也局限于这个范围。

在后期 HSL 中，色相就是图片上单独颜色的调整。跟随色相向左或向右偏移来改变整体颜色。

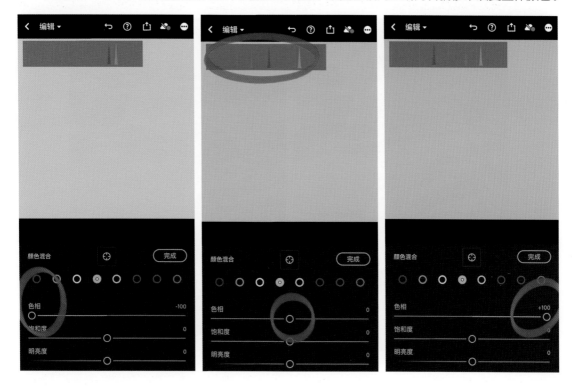

2 配色思路

在掌握基本色相环后，我们只要调用 HLS 面板，找到需要调整的单独颜色去调整即可。个性化的青橙色调、黑金色调等，都是使用此功能达成的，在视频调色中也是使用本思路进行调整。

（色相环，所有色彩改变的原理）

❶ 一切有彩色都可以由三原色(红、黄、蓝)调出
❷ 更靠近黄色的颜色偏暖，靠近蓝色的颜色偏冷

3 ▶ 应用效果

4 ▶ 操作步骤

01 打开"Lightroom" App，点击右下角的小相机图标，选择"从'相机胶卷'中"导入照片素材。

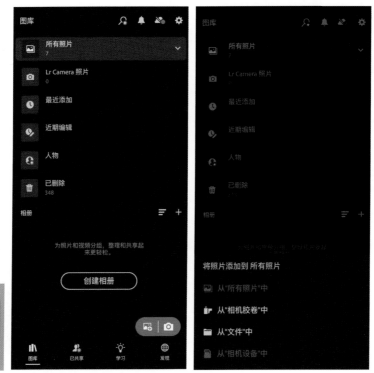

02 在底部菜单栏中选择"亮度"，设置"曝光度"为 -0.38、"对比度"为 +18，方便观察图片应用效果。

03 在底部菜单栏中选择"颜色→混合"，选中橙色，设置"色相"为 -100；选中黄色，设置"色相"为 -100。橙色色相向左偏移会变为红色，黄色色相向左偏移会变为橙色，整体就变为了红色，这就是单独颜色调整，使两种颜色变为一种与初始颜色不一样的色彩。

04 点击画面右上角的第三个图标，选择"导出到相机相册"保存成片，即可在手机相册里查看。

3.2.2 饱和度

1 功能描述

饱和度是指色彩的鲜艳程度，也称为色彩的纯度。饱和度取决于该色中含色成分和消色成分（灰色）的比例。含色成分越大，饱和度越高；消色成分越大，饱和度越低。色彩的饱和度可以通过调节色纯度、色彩调节器、混色器和其他调色工具来改变。

2 配色思路

增加某一种颜色的饱和度或整体饱和度来达到视觉传达或提升观感的效果。

3 应用效果

调整整体饱和度

调整单独颜色的饱和度

4 操作步骤

（1）调整整体饱和度。

01 打开"Lightroom" App，点击右下角的小相机图标，选择"从'相机胶卷'中"导入照片素材。

02 在底部菜单栏中选择"颜色"，设置"自然饱和度"为 +19、"饱和度"为 +21，调整整个画面的饱和度则所有颜色一起增加。

03 点击画面右上角的第三个图标，选择"导出到相机相册"保存成片，即可在手机相册里查看。

（2）调整单独颜色的饱和度。

01 在底部菜单栏中选择"颜色"，点击"混合"，选中橙色，设置"饱和度"为 +61，提升画面中橙色的饱和度。

02 选中黄色，设置"饱和度"为 +54，增加黄色的饱和度。最后点击画面右上角的第三个图标，选择"导出到相机相册"保存成片，即可在手机相册里查看。

3.2.3 明亮度

1 功能描述

明度是指色彩的明暗程度和深浅程度。明度又分为同一色相的色彩的明度变化和不同色相之间色彩的明暗差别。

色彩的明度对比是建立在明暗差别基调上的色彩对比方式，对比的强弱取决于明度的基调差别程度。可以通俗地理解成，一种颜色加了多少白颜料，加了多少黑颜料。色彩的饱和度以光谱色为标准，越接近光谱色的色彩，其纯度就越高，人们常常把低纯度的色彩称为"浊色"，而把高纯度的色彩称为"清色"。下图从左至右，纯度由高变低。纯度越高，颜色越正，越容易分辨。

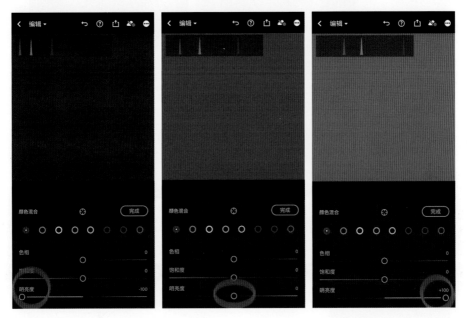

2 配色思路

明度一般配合某一种颜色的饱和度一起调整，用于调整颜色的鲜艳程度。

例如，绿色的饱和度向左偏移会变为墨绿色，同时颜色的亮度会不匹配，这时就要对明亮度进行协调匹配。

3 应用效果

4▶ 操作步骤

01 打开"Lightroom" App，点击右下角的小相机图标，选择"从'相机胶卷'中"导入照片素材。

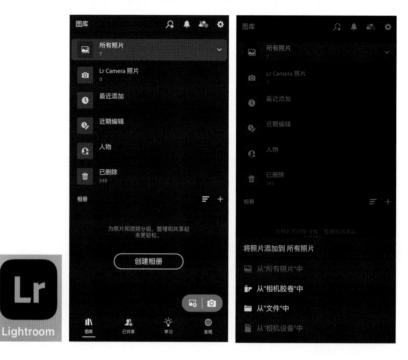

02 在底部菜单栏中选择"亮度"，设置"阴影"为 +28、"黑色色阶"为 +24，调整画面亮度方便观察。

03 设置"对比度"为 +22，点击"曲线"图标，将暗部压低一点。

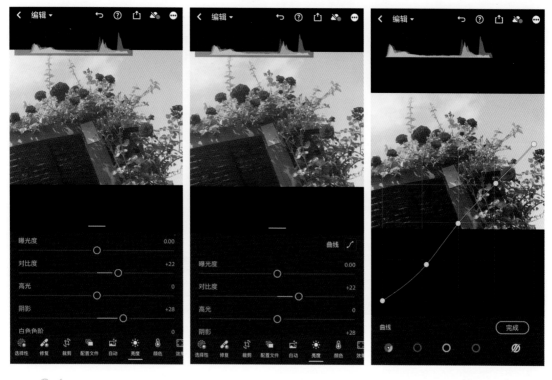

04 在底部菜单栏中选择"颜色→混合"，设置绿色的"饱和度"为 -100、"明亮度"为 -53，设置蓝色的"饱和度"为 +57、"明亮度"为 -15。明亮度一般配合颜色的饱和度进行调整，对一种色彩进行明暗增加或减少。

05 点击画面右上角的第三个图标，选择"导出到相机相册"保存成片，即可在手机相册里查看。

3.3 | 对比度、高光与阴影

3.3.1 对比度

1 功能描述

对比度指的是一幅图像中明暗区域最亮的白和最暗的黑之间不同亮度层级的测量，差异范围越大，代表对比越大；差异范围越小，代表对比越小。对比率120:1可以很容易地显示生动、丰富的色彩，当对比率高达 300:1 时，便可支持各阶的颜色。但现今尚无一套有效又公正的标准来衡量对比率，所以最好的辨识方式还是依靠我们的眼睛。

简单来说，对比度是指不同颜色之间的差别。对比度越大，不同颜色之间的反差就越大，即黑白分明，但对比度过大，图像就会显得很刺眼。对比度越小，不同颜色之间的反差就越小。

对比度运用在调色中时，也可以指效果图与原图之间的差距及单独颜色的差别。

2▶ 配色思路

（1）画面冷暖——调色温。

（2）整体基调——调色调。

（3）整体明暗——调曝光。

（4）画面立体——调对比。

（5）控制亮部——调高光。

（6）控制暗部——调阴影。

（7）丰富细节——调清晰度。

（8）丰富颜色——调鲜艳度。

（9）改变颜色——调色相。

（10）改变颜色的浓淡——调饱和度。

（11）改变颜色的明暗——调明亮度。

（12）颜色分级——亮部偏蓝、暗部偏暖最常用。

（13）在效果面板加暗角。

（14）照片锐利——调锐化。

（15）降噪——噪点消除。

（16）镜头校正——打开"移除色差"。

（17）脸部发青——可调红、调黄、调灰去青。

（18）皮肤红——更改红色色相，往右加绿。

（19）皮肤斑驳、不干净——采用"中性灰"修肤法（需要多多练习）。

（20）嘴唇暗黑、亮红——调整"可选颜色"，红去青。

（21）照片发灰——小幅度地调整 S 形曲线，增加对比。

3 应用效果

4 操作步骤

01 打开"Lightroom"App，点击右下角的小相机图标，选择"从'相机胶卷'中"导入照片素材。

02 在底部菜单栏中选择"亮度",设置"曝光度"为 -0.92、"对比度"为 +29,调整画面光比,加强人物与背景对比。

03 设置"阴影"为 -29、"黑色色阶"为 -28,点击"颜色→混合",加深暗部,使背景与人物产生差别。

04 选中黄色，设置"饱和度"为 +69、"色相"为 −33；在底部菜单栏中选择"效果"，设置"去朦胧"为 +29，增加人物主体颜色，去除照片灰调。

05 设置"晕影"为 −12，晕影可以增加黑边，照片会更有感觉。最后点击画面右上角的第三个图标，选择"导出到相机相册"保存成片，即可在手机相册里查看。

3.3.2 高光

1 功能描述

高光是一种美术用语，指光源照射到物体后反射到人的眼睛里时，物体上最亮的那个点。高光不是光，而是物体上最亮的部分。

简单来说，高光用于增强物体的立体感及整体的氛围感。

2 配色思路

高光调色需要使用图层的柔光混合和混合颜色带的调整，这相当于建立了两个图层叠加调整。在后面实战章节中可以看到案例。

一般高光键不会单独使用，而是搭配调节来达到更好的效果，降低高光能有效防止画面过曝。

3 应用效果

4 操作步骤

01 打开"Lightroom"App，点击右下角的小相机图标，选择"从'相机胶卷'中"导入照片素材。

02 在底部菜单栏中选择"亮度"，设置"阴影"为 +70、"黑色色阶"为 +47，调整光比与画面整体亮度。

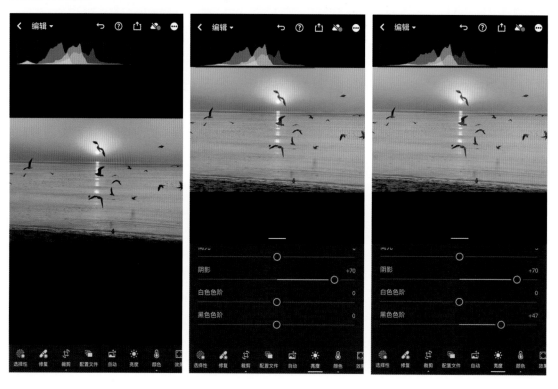

03 在底部菜单栏中选择"效果"，设置"去朦胧"为 –13；点击"颜色→混合"，选中橙色，设置"饱和度"为 +45，点击"完成"按钮。稍稍增加画面中的朦胧感，增加落日颜色的饱和度。

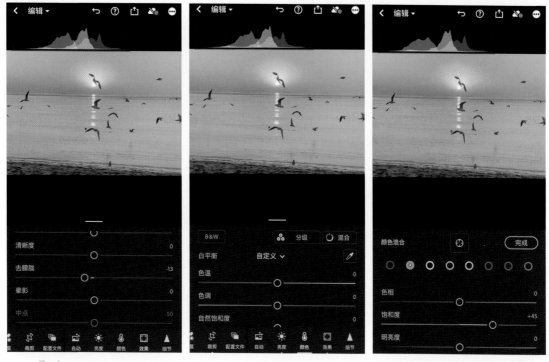

04 在底部菜单栏中选择"亮度"，设置"高光"为 –100；在底部菜单栏中选择"光学"，打开"移除色差"和"启用镜头校正"。压低高光、降低亮度，同时减少颜色色差。最后点击画面右上角的第三个图标，选择"导出到相机相册"保存成片，即可在手机相册里查看。

3.3.3 阴影

1 功能描述

阴影调节是电影、电视剧等影视制作过程中的一个专业术语，指的是在后期制作中通过调整图像亮度、对比度、饱和度等参数，达到模拟阴影效果的一种技术手段。

阴影调节通常用于营造画面的氛围、情绪或表现角色的复杂性格等方面，可以让画面更加立体、真实，提高观赏性。

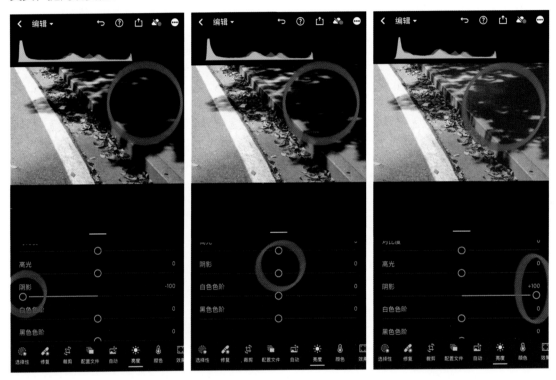

2 配色思路

阴影的使用在拍摄的前期构图中就已经存在了，用以形成明暗对比。或者是拍摄得到的成片欠曝，画面不够明亮，所以使用黑色色阶配合阴影来完善图片的整体效果，这里可以参考美术中阴影的运用。

投射阴影：由一个物体的阻挡光线落在另一个物体上而产生。

互补色的使用：在阴影中使用互补色，可使阴影产生更微妙、自然的效果，是处理阴影的首选方法。阴影中互补色的添加，不仅能增加画面颜色的丰富度，也能增加阴影的透气性。使用互补色时一定要注意颜色的冷暖，调和阴影时，也要考虑画面的整体颜色。

3▶ 应用效果

4▶ 操作步骤

01 打开"Lightroom"
App，点击右下角的小相机图标，
选择"从'相机胶卷'中"导入
照片素材。

02 在底部菜单栏中选择"亮度"，设置"阴影"为 +100、"黑色色阶"为 +48，配合黑色色阶调整画面暗部整体亮度。

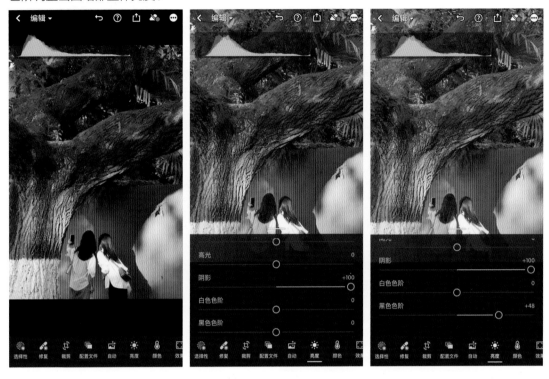

03 设置"高光"为 -60，曲线如下图进行微调，压低高光有利于优化画面整体质感。最后点击画面右上角的第三个图标，选择"导出到相机相册"保存成片，即可在手机相册里查看。

3.4 | 色温与色调

3.4.1 ▶ 色温

1 ▶ 功能描述

色温是照明光学中用于定义光源颜色的一个物理量。即把某个黑体加热到一个温度，其发射的光的颜色与某个光源所发射的光的颜色相同时，这时黑体的温度就称为该光源的颜色温度，简称色温。其单位用"K"（开尔文温度单位）表示。

简单来说，通常人眼所见到的光线，是由 7 种色光的光谱组成的，但其中有些光线偏蓝，有些则偏红，色温就是用于表达它们的。

夕阳西下的红、黄色，在绘画中被称为"暖色"色调，而在摄影中正好相反，红色的色温值最低，也就是说，红色的火焰温度最低。蓝色在绘画中是标准的"冷色"，而在摄影中蓝色的色温值最高。

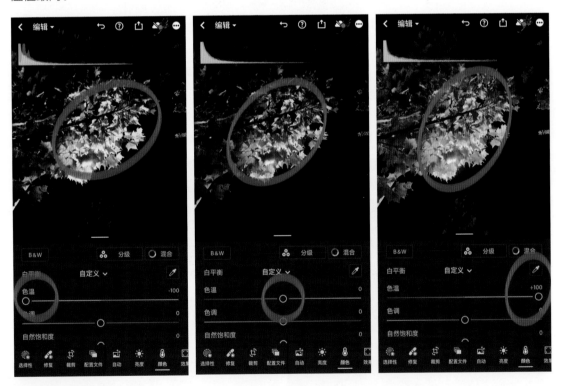

2 ▶ 配色思路

调色时要区分"白平衡"与后期中色温的区别。在后期中，色温指的只是照片的冷暖带来的氛围感。而拍摄前期中色温指的是白平衡"K 值"，5500 是标准值，K 值越大，画面越暖；K 值越小，画面越冷。

这里介绍的是后期色温，搭配整体画面氛围进行调节，这个功能搭配色调进行调节效果会更好，下一小节会进行讲解。

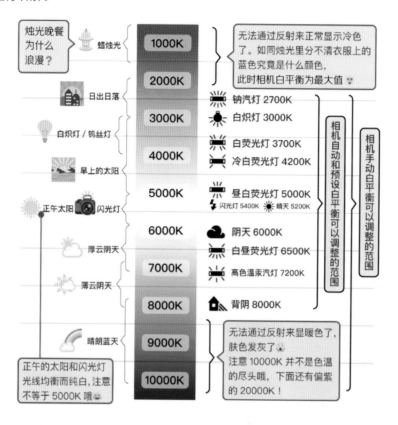

3▶ 应用效果

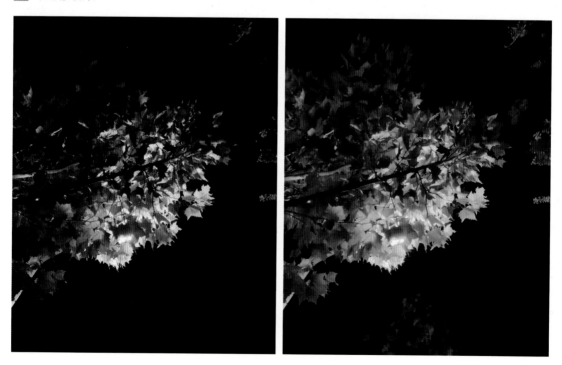

4 ▶ 操作步骤

01 打开"Lightroom"
App，点击右下角的小相机图标，
选择"从'相机胶卷'中"导入
照片素材。

02 在底部菜单栏中选择"亮度"，设置"高光"为 +16、"阴影"为 +55，调整暗部与高
光部分。

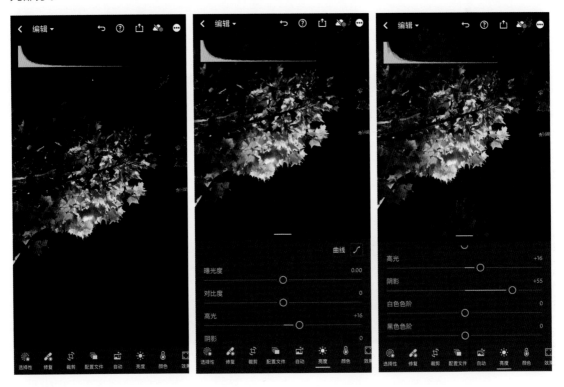

03 设置"黑色色阶"为 +43，提升黑色部分的亮度；在底部菜单栏中选择"颜色"，设置"色温"为 +26；点击"混合"，选中黄色，设置"饱和度"为 +55，点击"完成"按钮。提高高光黄色部分的饱和度，最重要的是增加画面整体暖色色温。

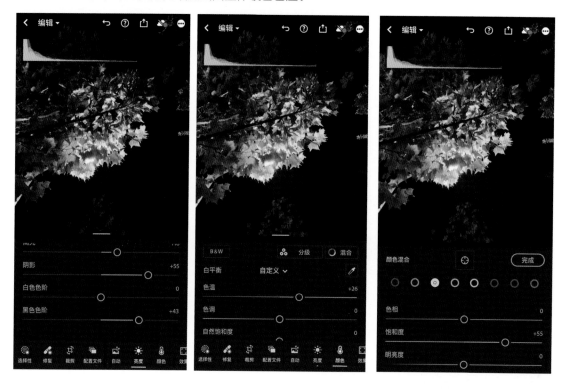

04 设置"自然饱和度"为 +15；在底部菜单栏中选择"效果"，设置"晕影"为 -54，添加四周暗度移除色差；在底部菜单栏中选择"光学"，打开"移除色差"和"启用镜头校正"。最后点击画面右上角的第三个图标，选择"导出到相机相册"保存成片，即可在手机相册里查看。

3.4.2 色调

1 功能描述

色调指的是一幅画中画面色彩的总体倾向，是大的色彩效果。色调由物体反射光线中占优势的波长来决定，不同的波长产生不同的颜色感觉。在大自然中，我们经常见到这样一种现象：不同颜色的物体或被笼罩在一片金色的阳光之中；或被笼罩在一片轻纱薄雾似的、淡蓝色的月色之中；或被秋天迷人的金黄色所笼罩；或被统一在冬季银白色的世界之中。这种在不同颜色的物体上笼罩着某一种色彩，使不同颜色的物体都带有同一色彩倾向，这样的色彩现象就是色调。

2 配色思路

色调是各种图像色彩模式下原色的明暗程度，范围从 0 到 255，共 256 级色调。例如，灰色图像，当色调级别为 255 时就是白色，当色调级别为 0 时就是黑色，中间是各种不同程度的灰色。在 RGB 模式中，色调代表红、绿、蓝三种原色的明暗程度，比如绿色有淡绿、浅绿、深绿等不同的色调。在明度、纯度、色相这三个要素中，某种因素起主导作用时，就可以称之为某种色调。

简单来说，色调就是后期风格的基调，如暖色系、冷色系等，一般搭配色温进行调节。

PCCS 色调图

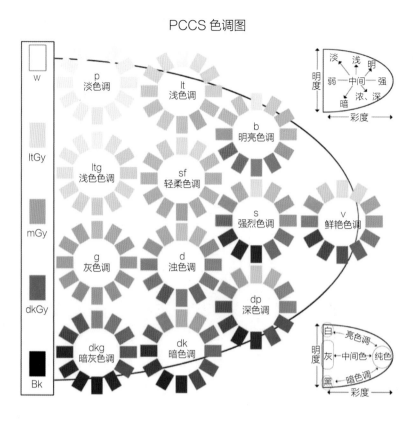

3▶ 应用效果

4 操作步骤

01 打开"Lightroom"
App，点击右下角的小相机图标，
选择"从'相机胶卷'中"导入
照片素材。

02 在底部菜单栏中选择"亮度"，设置"阴影"为 +43、"黑色色阶"为 +55，调整整体暗部，还原细节。

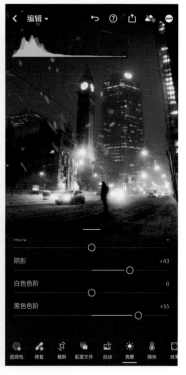

03 在底部菜单栏中选择"颜色"，设置"色温"为 -31、"色调"为 -23，色温偏向冷色，奠定整体照片风格；色调偏向青色，奠定电影色调主题。在底部菜单栏中选择"效果"，设置"清晰度"为 -24，降低清晰度，塑造朦胧感。

04 设置"去朦胧"为 -27，降低朦胧感，稍稍提亮照片；在底部菜单栏中选择"亮度"，设置"曝光度"为 +0.32（发现整体亮度不够，添加一点曝光度）。最后点击画面右上角的第三个图标，选择"导出到相机相册"保存成片，即可在手机相册里查看。

第 4 章

基础调色技巧

4.1 | 五步做出青橙色调

4.1.1 ▸ 色调描述

青橙色调可以说是应用最广泛的色调之一了，不论是在摄影、美术还是在电影或设计工作中，都可以看到这种经典色调搭配。青橙色调有其独特魅力和显著的特点，画面主色彩为青色与橙色，对比度较高，同时画面偏暗。

青橙色调的英文是"teal&orange"，"青"是一种湖蓝色或蓝绿色，青橙色调是一组由互补色组成的色调。如果主色调是青橙色，那么画面中的其他颜色就会减少，使画面看起来整洁干净。青橙色调冷暖搭配，青色兼具绿色的自然、阴郁和蓝色的清新、科技感等特征，比较适合表现背景和阴影的颜色，而橙色则具备温暖特征，适合表现高光部分。

1 ▸ 配色参考

画面主体表现出来的橙色、青色，分别位于照片的阴影部分与高光部分，用吸管工具直接吸取就能得到。

2 ▸ 调色思路

如果照片是城市主题，则由橙色控制高光部分，青色控制画面中性与阴影部分。如果照片是自然主题，则要求自然氛围感，光线要充足，同时在调整中尽量避免大幅度地提高对比度、清晰度。如果照片是人文主题，则可以强化青色与橙色的对比。

调色时首先调整画面光比关系，让画面整体更整洁；接着统一色相，让画面中的其他颜色适当减少；然后加强画面的明暗对比，突出主题；再降低色相饱和度，因为画面的饱和度不宜过高；最后保存至相册。

4.1.2 ▶ 应用效果

主要调整光比，将绿色变黄、蓝色变青。

1 ▶ 操作步骤

01 打开"Lightroom"App，点击右下角的小相机图标，选择"从'相机胶卷'中"导入照片素材。

02 在底部菜单栏中选择"亮度",设置"曝光度"为 +0.14,画面亮度不够,把整体画面提亮。

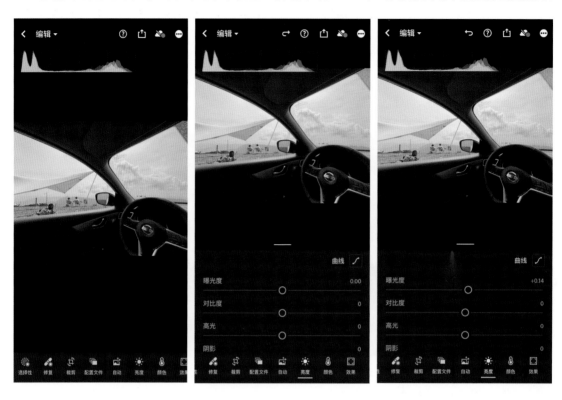

03 设置"阴影"为 +32、"黑色色阶"为 +28,提亮暗部保证画面亮度,方便观察整体画面。

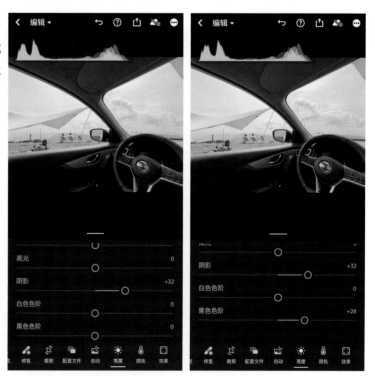

04 在底部菜单栏中选择"颜色",点击"混合",选中蓝色,设置"色相"为 –61、"饱和度"为 +35、"明亮度"为 –31,将画面中的蓝色改变为青色,代替原本的天空颜色,达成青橙色调中青色的占比部分。

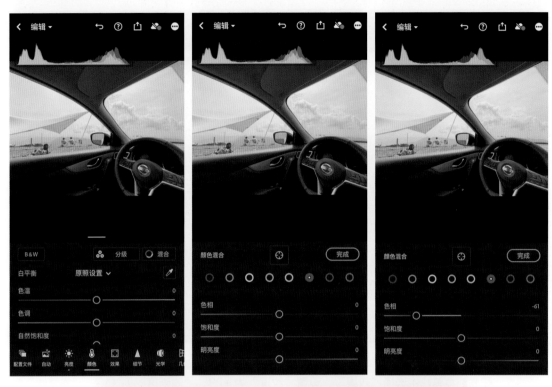

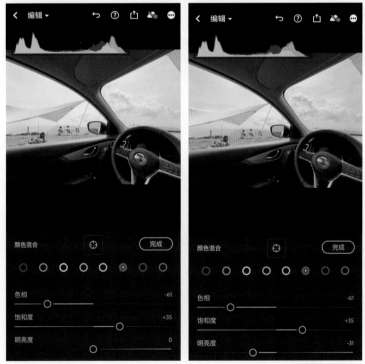

05 选中绿色，设置"色相"为 –100、"饱和度"为 +67、"明亮度"为 –32，点击"完成"按钮，使原本的绿色色相偏向橙色，同时增加饱和度，提升橙色占比。在底部菜单栏中选择"颜色"，设置"自然饱和度"为 –9。

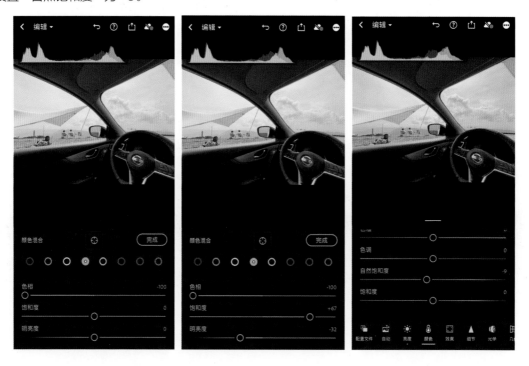

06 在底部菜单栏中选择"效果"，设置"纹理"为 +28、"清晰度"为 +10、"去朦胧"为 +31，增加画面整体细节及对比度。

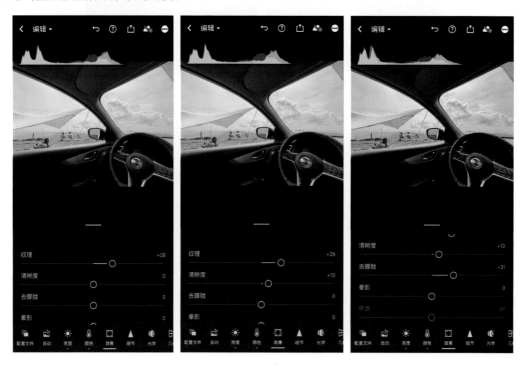

07 设置"晕影"为 -29；在底部菜单栏中选择"细节"，设置"锐化"为 25、"噪点消除"为 41，为画面添加细节，同时增加图片四周暗角，更突出画面主体，消除一部分不必要的噪点。

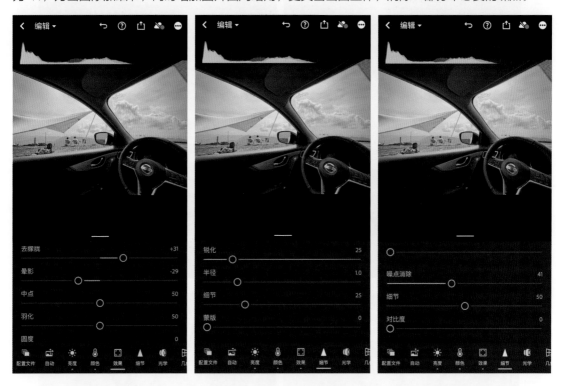

08 点击画面右上角的第三个图标，选择"导出到相机相册"保存成片，即可在手机相册里查看。

2▶ 扩展应用

青橙色调是应用最广的色调之一，完美符合"百搭"这个词。不管是视频还是照片，它都是出片能手，可以用来调整扫街、外出游玩、露营主题的色调，也适合处理城市夜景、车流、写真、汽车广告等作品。简单的调节方式就能达成非常不错的效果，如果你手里有不知道怎么处理的图片，不妨试试青橙色调。

4.2 黑金色调和蓝冰色调

4.2.1 色调描述

黑金色调虽然叫黑金色调,但它其实是黑橙色调,非常适合城市灯光充裕的大场景,高调神秘。遇上阴雨天,光影表现力较差,或者说整体光线比较杂乱,尤其是在夜晚各种 LED 景观灯的"光污染"下,黑金色调确实可以对照片的整体观感、氛围感起到拯救作用。总体来说,"黑金"与"蓝冰"都是基于光线氛围渲染出来的一种高对比色调,可以拯救"光污染"照片。

1 配色参考

2 调色思路

具体的操作思路非常简单,适当调整构图和曝光后,在 HSL/ 颜色版面中将绿色、青色、蓝色、紫色、品红色的饱和度均拉至 −100 即可。将这些颜色全部以黑白形式呈现,然后将红色与黄色的色相朝着橙色的方向进行一定的调整,再适当增加或减少饱和度和明亮度,即可得到最简单的黑金效果。

4.2.2 应用效果

1▶ 操作步骤

01 打开"Lightroom" App，点击右下角的小相机图标，选择"从'相机胶卷'中"导入照片素材。

02 在底部菜单栏中选择"颜色"，点击"混合"，为单独颜色调整做好准备。

03 选中红色，设置"饱和度"为 -100、"明亮度"为 -100。

04 选中绿色，设置"饱和度"为 -100、"明亮度"为 -100。

05 选中青色，设置"饱和度"为 -100、"明亮度"为 -100。

06 选中蓝色，设置"饱和度"为 -100、"明亮度"为 -100；选中紫色，设置"饱和度"为 -100、"明亮度"为 -100。

07 选中品红色，设置"饱和度"为 -100、"明亮度"为 -100；选中橙色，设置"饱和度"为 +71；选中黄色，设置"色相"为 -30、"饱和度"为 +83，点击"完成"按钮，使黄色色相偏向橙色，增加橙色的饱和度。

08 在底部菜单栏中选择"颜色"，设置"色温"为 +23、"自然饱和度"为 +69，增加画面中橙色的饱和度及色温。

09 在底部菜单栏中选择"亮度"，设置"曝光度"为 -0.23、"对比度"为 +28、"高光"为 -63，"黑色色阶"为 -14，提高画面整体亮度和对比度。

10 在底部菜单栏中选择"效果"，设置"清晰度"为 +19，加强画面冲击感；设置"去朦胧"为 +12，"晕影"为 -11，添加画面四周暗角，突出画面中心。

11 在底部菜单栏中选择"细节"，设置"噪点消除"为 49，消除噪点让画面更有质感；设置"减少杂色"为 68，减少其他颜色的杂糅。

12 调整曲线，压低暗部亮度。

13 点击画面右上角的第三个图标，选择"导出到相机相册"保存成片，即可在手机相册里查看。

　　蓝冰色调与黑金色调是一样的调整思路，区别在于一个偏向橙色，一个偏向蓝色，只要单独突出这两种颜色即可。

2▶ 扩展应用

黑金色调下的城市照片非常耐看，有时甚至可以营造出一种置身"哥谭市"的氛围感。当然，后期调色见仁见智，大家不需要套用预设，根据自己的审美偏好和想要表达的情绪去选择合适的方案即可。也可以尝试在白天的城市照片中使用黑金色调，看看会有什么样的惊喜。

蓝冰色调就有些依赖灯光了，可以尝试将其应用在日常与水有关的风格创作上。

4.3 日系真的好简单

4.3.1 色调描述

日系风格的画面清新自然、色彩淡雅、明亮阳光，给人一种安静、舒适、平和的视觉感受。

关于日系的解释如下。

（1）虽然日系风格发源于日本，但早已经脱离了地域，现在它仅仅是一种自然化、简单化的摄影风格。日系风格照片的拍摄场景比较生活化，可以是马路边、小区楼下、便利店，只要人物能自然融入即可。

（2）人物穿着简单和日常化，比如棉麻质地的日常衣服，太过复杂精致的服装反而不合适。

（3）人物感情真实流露，不要太刻意地摆拍，也不用在意表情的完美，可以记录下任何表情，比如哭笑打闹，不完美的好看才是最真实的。

（4）注重在照片里传递感情，让人感受到天真、可爱、温暖等，而不仅仅是为了好看而拍照，这一点在日系风格的照片里最为重要。

1 ▶ 配色参考

　　主要是提亮整体，让整体画面明亮，给人舒适清新的观感，就像薄荷一样。

2 ▶ 调色思路

　　日系风格调色整体分为前期拍摄和后期调整，多使用浅色、灰色、素色系列搭配自然光线、柔光等，以简约为基调，内容为生活纪实。

　　后期调整：高明度；低对比；饱和度低；色彩素雅，以青色和蓝色为主。具体来说就是天空要蓝，画面要亮，光线要柔和，画面抓拍要自然。

4.3.2 ▶ 应用效果

1 操作步骤

01 打开"Lightroom"
App，点击右下角的小相机图标，
选择"从'相机胶卷'中"导入
照片素材。

02 在底部菜单栏中选择"亮度"，设置"曝光度"为 +0.55、"高光"为 +35，提亮整体画
面和高光部分。

03 设置"阴影"为 +38、"白色色阶"为 +34、"黑色色阶"为 +65，提亮画面最暗的两个部分，同时提高画面白色部分的亮度。

04 在底部菜单栏中选择"颜色"，设置"色温"为 -8、"色调"为 -5、"自然饱和度"为 +11，给画面添加一点冷色调，再添加一点青色丰富画面，增加画面整体颜色。

05 在底部菜单栏中选择"颜色",点击"混合",选中蓝色,设置"饱和度"为 -20,点击"完成"按钮,单独将画面中蓝色的饱和度降低。

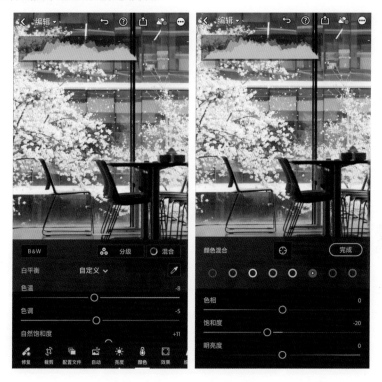

06 在底部菜单栏中选择"效果",设置"纹理"为 +13、"去朦胧"为 -11。

07 在底部菜单栏中选择"细节",设置"锐化"为38、"噪点消除"为12、"减少杂色"为65,完善画面细节、去掉噪点、增加质感。

08 在底部菜单栏中选择"亮度",调整曲线,调整光比。

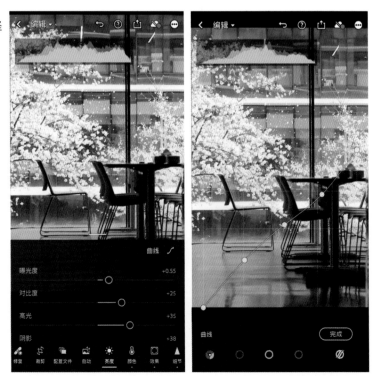

09 点击画面右上角的第三个图标，选择"导出到相机相册"保存成片，即可在手机相册里查看。

2▶ 扩展应用

　　日系风格可以表现生活中最真实、自然、打动人心的事物。

　　日系风格应该是生活里的自己，是路边的站牌，是日常的双肩包，是照进屋子里的一束光，是放下戒备的真实感，是古古怪怪的表情包。日系应该是喜欢真实的自己，是真情流露，大家可以尝试一下在各种不同的环境里使用日系风格。

4.4 透彻与色温造就小武拉莫

4.4.1 色调描述

小武拉莫是一位爱旅行的摄影博主，他钟爱蓝黄色调，画面安静治愈，就像奶油一般丝滑柔顺地展开，不过这种风格的"宽容度"不够广。

他的作品多以自然风光和人文景色为主，用独特的蓝、黄与绿，给我们带来了视觉上的享受。与很多日系风格照片一样，他的照片具有高明度、低对比、高饱和的特点。这里所说的蓝黄色调还有个特点，就是整张照片以黄色为主色调，蓝色为点缀。可以说透彻与色温造就了小武拉莫，透彻就是干净舒适，暖色温暖治愈。

建议在有太阳的晴天，且在上午或下午光线相对柔和时拍摄，不要在阴天拍摄，因为阴天光线不足。

1 配色参考

2▶ 调色思路

（1）定影调：拉高曝光，降低高光和白色色阶，提升阴影和黑色色阶，让画面暗部细节显现出来，同时控制高光区域不过曝，降低对比度，适当加点清晰度。

（2）定色调：色温滑块适当往右移动，使画面偏暖色，然后找到颜色校准工具，红、绿原色往黄色偏，适当加点饱和度，同时加点蓝原色的饱和度。

（3）对画面颜色进行微调，统一颜色。在 HSL 面板中，适当降低除橙黄色及蓝色外的颜色的饱和度，橙黄色及蓝色的明度可以再适当提高一些，目的是突出黄色及蓝色。

4.4.2▶ 应用效果

画面整体变为柔和的偏黄色，其他颜色皆为点缀，其中蓝色最为显眼。

1▶ 操作步骤

01 打开"Lightroom" App，点击右下角的小相机图标，选择"从'相机胶卷'中"导入照片素材。

02 在底部菜单栏中选择"亮度"，设置"曝光度"为 +0.44、"对比度"为 −12，增加画面明亮度及明暗对比。

03 设置"阴影"为 +50、"白色色阶"为 −23、"黑色色阶"为 +62，将画面暗部全部提亮，同时减少白色的亮度以防高光区域过曝。

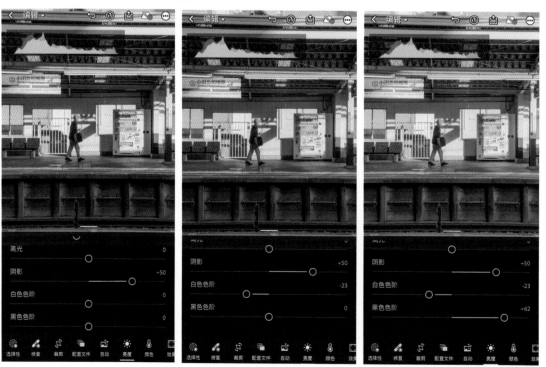

04 在底部菜单栏中选择"颜色"，设置"色温"为 +11、"色调"为 −4、"自然饱和度"为 +15，控制整个画面转向柔和暖色调。

05 点击"混合"，选中红色，设置"色相"为 +100、"饱和度"为 +56，再选中橙色，设置"饱和度"为 +34，单独调整画面中的红色偏向暖色，再增加橙色的饱和度。

06 选中黄色，设置"饱和度"为 +40，增加暖色，点击"完成"按钮。在底部菜单栏中选择"效果"，设置"去朦胧"为 +28，降低画面的灰度；在底部菜单栏中选择"光学"，打开"移除色差"和"启用镜头校正"，还原一点畸变。

07 在底部菜单栏中选择"细节"，设置"锐化"为 17、"减少杂色"为 46，增加细节，提升质感。

08 在底部菜单栏中选择"亮度"，调整曲线，压低中间调，提升暗部亮度，使画面更柔和，提升画面舒适度。

09 点击画面右上角的第三个图标，选择"导出到相机相册"保存成片，即可在手机相册里查看。

2 扩展应用

小武拉莫色调也属于日系范畴，日系的"整洁""简约""写真"其实是通用的，可以尝试用它记录一些唯美时刻，如湖边、海边、山顶、日出日落。但是，这类拍摄对光线的要求非常高，没有跳出对自然色的依赖，后期讲解电影配色时会给大家介绍一款跳出对自然色依赖的电影配色。

4.5 | Ins 高级感是这样来的

4.5.1 色调描述

Ins 风是国外社交软件 Instagram 风格的简称。其实，它并不是单指某种风格。笔者认为的 Ins 风，可用一句精简的话概括：通过后期处理达到自然。这种风格的特点是简约、克制、自然，最开始源于穿搭博主。

Instagram 是一款移动端社交应用软件，其流行的图片风格往往色调饱和度较低，整体偏向复古冷调或清新干净。通过将色彩饱和度、对比度调低，降低色温，增加曝光度，来达到画面效果。

Ins 风也常用于家居设计，以北欧简约风家具为基调，辅以有设计感与调性的配饰物件，形成独特的家居风格。而同样的设计想法，自从"吃饭让手机先吃"流行起来后，也关联到了食品上。各种 Ins 风产品层出不穷，最终从画面中一跃来到现实，成了真正的 Ins 风产品。

1 配色参考

Ins 风不是单指一种色调风格，而是泛指一类风格。

2 调色思路

这种风格在笔者看来分三种类型：第一类以穿搭表现为主，舒适简洁；第二类表现自然风光，以重色调、高对比、画面冲击感为主；第三类以干净、明亮、舒适为主。这几种类型有一个相似之处，都以低饱和、偏复古为主，因此需要保证画面的光比及把控整体色温。

4.5.2 应用效果

我们用对比度较高的照片进行演示，主要调整色相及曲线来达到效果。

1 ▶ 操作步骤

01 打开"Lightroom" App，点击右下角的小相机图标，选择"从'相机胶卷'中"导入照片素材。

02 在底部菜单栏中选择"亮度"，设置"曝光度"为 −0.31、"对比度"为 +20，降低整体亮度，增加画面对比。

03 设置"黑色色阶"为 +33、"白色色阶"为 −25、"阴影"为 +25，增加画面暗部亮度，降低黑色部分的亮度。

04 在底部菜单栏中选择"颜色"，点击"混合"，选中绿色，设置"饱和度"为 −100、"明亮度"为 −60，点击"完成"按钮，单独调整画面中的绿色，使绿色呈现暗绿色，更加贴合所需的质感。

05 在底部菜单栏中选择"颜色"，设置"色温"为 +8、"自然饱和度"为 +15，提升画面色温；在底部菜单栏中选择"效果"，设置"纹理"为 +19，增加细节，以免在调整中失去细节。

06 设置"去朦胧"为 +23，"晕影"为 -20，去除画面灰度，添加四周阴影，让聚焦点来到中间；在底部菜单栏中选择"细节"，设置"减少杂色"为 40，减少画面中杂色的影响。

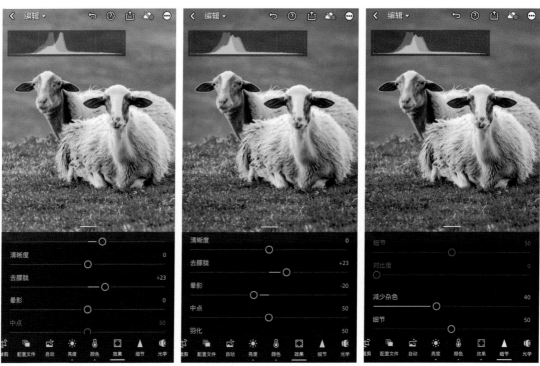

07 在底部菜单栏中选择"光学"，打开"移除色差"和"启用镜头校正"，矫正拍摄画面的畸变及杂色；在底部菜单栏中选择"亮度"，调整暗部与高光部分的曲线。

08 点击画面右上角的第三个图标，选择"导出到相机相册"保存成片，即可在手机相册里查看。

2▶ 扩展应用

Ins 风格是从北欧流行过来的，以简洁著称，整体风格颜色简单，加上有设计感的小物件，也是一种"性冷淡"风，显得非常有质感。风格关键词："性冷淡""简约时尚""北欧自然""复古温暖"。

如何快速掌握 Ins 风格的精髓？下面给大家总结了四点。

（1）采用基本的三分法构图、对角线构图、框架构图、三角构图；如果拍摄画面缺乏层次，可以用一些花草、杯子、纱布做前景。

（2）拍摄角度方面，旅行拍摄可采用无人机航拍，还有高机位俯拍（比如爬楼）、全景平拍、广角仰拍，这样的机位比较有画面冲击感。

（3）如果不太会摆姿势或恐惧镜头，可以考虑穿一些好看的裙子、戴帽子，让人物站在画面中比较好的位置，拍侧脸、背影等，这样拍出来的照片一样有格调。

（4）有条件的话可以多看国外作品提升审美，比如 Instagram 上的作品，国内参考"500px""灵感""杂志迷"等 App。

4.6 ▶ 营造夕阳暖暖的氛围感

4.6.1 ▶ 色调描述

夕阳可以说是一天中最治愈的风景了，画面整体由中国古典色橙色及黄色构成，它们虽然相似，但是代表的元素却是不一样的。

介于红色与黄色之间的橙色，比起红色的强烈和黄色的明亮，显得更中性一些，给人的情绪没那么浓烈，多了几分暧昧。

橙色比红色更温和，又比黄色老练，既有活力，又不乏稳重；而本身的暖色调又保证了热情，整体给人一种愉悦的观感。

黄色往往给人一种温暖的感觉，它是阳光的颜色，非常有亲和力。正是因为它特有的亲和力，使得它作为主色时，可以营造出柔和、温暖、愉悦的氛围，尤其是偏橙色的黄。

大家有没有发现，只要画面中有黄色，其他颜色在视觉上也会显得偏黄。也就是说，调整画面中的黄色，就可以改变画面的基调和氛围。

1 ▶ 配色参考

2 ▶ 调色思路

先调整光比，然后定基调，色温往暖色方向调。如果画面比较平，可以通过增加对比度、调整白色色阶和黑色色阶使画面更有立体感。如果有天空，就把高光拉回来，使天空不那么死白，让天空和主体明暗分明，画面渐变有层次。

4.6.2 ▶ 应用效果

调整光比后去除画面灰度，再添加色温就可得到成品。

1 ▶ 操作步骤

01 打开"Lightroom" App，点击右下角的小相机图标，选择"从'相机胶卷'中"导入照片素材。

02 在底部菜单栏中选择"亮度"，设置"阴影"为 +70、"黑色色阶"为 +100，提亮整个画面的暗部，让画面亮度提升。

03 设置"白色色阶"为 –31、"对比度"为 –12，降低画面中白色的亮度以免过曝；在底部菜单栏中选择"效果"，设置"去朦胧"为 +19，去除画面灰度。

04 设置"清晰度"为 –37、"纹理"为 –17，使纹理清晰度降低，塑造朦胧感；在底部菜单栏中选择"颜色"，设置"色温"为 +21，增加暖色调。

05 点击"混合",选中红色,设置"色相"为 +100,使红色色相偏向黄色;选中橙色,设置"饱和度"为 +22,增加橙色的饱和度;选中黄色,设置"饱和度"为 +33,增加黄色的饱和度,点击"完成"按钮。

06 在底部菜单栏中选择"光学",打开"移除色差"和"启用镜头校正",校准照片;在底部菜单栏中选择"亮度",设置"高光"为 −38,降低高光部分的影响。

07 设置"曝光度"为 −0.78,点击画面右上角的第三个图标,选择"导出到相机相册"保存成片,即可在手机相册里查看。

2 ▶ 扩展应用

拍摄时要选择视野比较开阔、没有建筑物遮挡的场景，太复杂或太乱的场景都不太合适。最好找比较空旷的户外，比如海边、山野间及码头，或者生活中比较常见的天台、干净的街道。

用相机拍摄的专业人士可参考如下内容。

夏季下午 6~7 时，冬季下午 5~6 时，适合拍日落。而实际的最佳拍摄时间只有短暂的 10 分钟。

相机参数设置：相机色温设置为 4800k，快门 1/320，光圈 F8.0，感光度 ISO500。

镜头用 24~70mm 变焦，拍人和风景都很合适，本案例主要用 70mm 焦段拍摄；50mm 是非常实用的人像镜头；70~200mm 会有更好的空间压缩感（每个人都有自己的喜好，明白原理了就按自己喜欢的来）。其实记录美好时刻不用太刻意，随手用手机记录下来就是最棒的。

4.7 保留局部颜色的高级感

4.7.1 色调描述

保留局部颜色是建立在黑白照片的基础上的，一般会为了保留细节而建立图层再去擦除，来得到某一种颜色的保留。

这种风格的作品一般用于拯救废片或个性化图片创作，也是一种艺术创作手法，可以使观看者的视野第一时间聚焦到保留颜色的部分。

1 配色参考

2 调色思路

有两种调色方法，分别是图层法和单独颜色调整法。

图层法：先导入一张照片，将它变成黑白照片，同时调节一下光比以防页面过暗。再导入一遍照片，放大至同样大小，使用蒙版工具圈出一个区域就达到效果了。

单独颜色调整法：导入要调整的图片，用 HSL 工具将要保留的颜色之外的颜色全部去掉，就达到效果了。

4.7.2 应用效果

保留局部颜色的照片充满简洁的美。

1 ▶ 操作步骤

（1）图层法。

01 打开 "醒图" App，点击 "修图" 页上的 "导入" 按钮，导入拍摄的照片素材。

02 在底部菜单栏中选择"滤镜",选择"黑白"类中的"BW1"。

03 在底部菜单栏中选择"调节",设置"光感"为 -35,调节光比;在底部菜单栏中选择"导入图片"。

04 再次导入原图片，双指放大至覆盖黑白底图大小，相当于重新创建了一个图层。

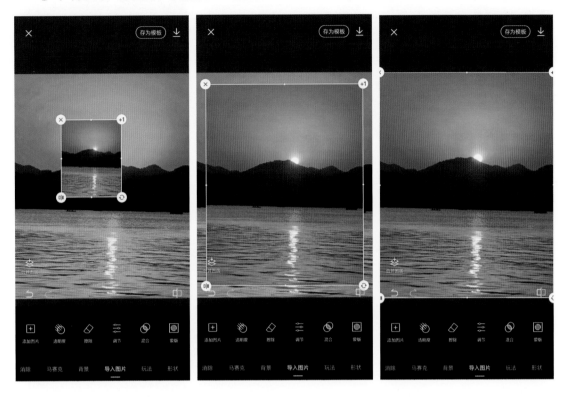

05 在底部菜单栏中选择"蒙版"，选择"矩形"，将矩形放在合适位置，点击右下角的"√"，
保存图片。

（2）单独颜色调整法。

01 打开"醒图"App，点击"修图"页上的"导入"按钮，导入拍摄的照片素材。

02 在底部菜单栏中选择"调节"，点击"HSL"，选中红色，设置"饱和度"为 -100；选中橙色，设置"饱和度"为 -100，单独调整颜色只保留自己想要的某一种或多种颜色。

03 选中黄色，设置"饱和度"为 –100，点击右下角的"√"，保存图片。

2 ▸ 扩展应用

开发更多的颜色保留玩法，保留一种、两种或三种颜色，又或者很多种颜色，在多色中做减法，让画面变得更干净、更简约。

蒙版方法可以用不同的蒙版形状进行创作，或者多个蒙版保留多块颜色。拍 Vlog 也可以使用，原理是一样的。

第 5 章

流行色系配色实战

5.1 | 莫兰迪配色

5.1.1 配色描述

莫兰迪配色指的是饱和度不高的灰系颜色。莫兰迪色不是指某种固定的颜色，而是一种色彩关系，是基于意大利艺术家乔治·莫兰迪的一系列静物作品总结出的颜色法则。

莫兰迪配色是优雅浪漫的色调，没有高饱和的刺激感，更具耐看性，更容易表达情绪，现用于家庭装修、时尚服装搭配较多。在摄影中，莫兰迪配色应用最广泛的是"莫兰迪绿"，因为其操作简单、独具风格化而备受宠爱。

流行色种中的"高级灰""雾霾蓝""燕麦色"都属于莫兰迪色。

莫兰迪色最大的特点是没有大明大暗、颜色的饱和度低，气质上散发着宁静与神秘，看似灰暗，实则优雅。

1 ▶ 配色参考

2 ▶ 选取配色

莫兰迪绿、太空灰

3▶ 配色思路

莫兰迪配色可以使用全部色相,但前提是要低饱和度。

(1)使用两张色卡配色时需注意,用一张为画面赋予颜色或填补原画面没有的颜色,产生想要的主题色系。

(2)使用第二张色卡进行叠加时需注意,用它满足画面的细节填充、微调亮度。

(3)有喜欢的图保存下来,可以直接提取其中的颜色构成,把不同风格的照片改成你喜欢的莫兰迪风格。

5.1.2▶ 应用效果

使用"莫兰迪绿 + 太空灰"两张色卡相叠加,两色相互补足,"莫兰迪绿"色卡叠加后效果偏暗,"太空灰"色卡用于整体提亮及渲染灰色。

1▶ 操作步骤

01 打开"醒图"App,点击"修图"页上的"导入"按钮,导入拍摄的照片素材。

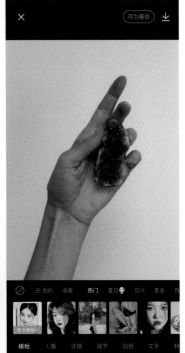

02 使用"莫兰迪绿＋太空灰"两张色卡相叠加，"莫兰迪绿"赋予画面主色调，"太空灰"用于调整画面细节、亮度，混合模式分别使用"正片叠底"（莫兰迪绿）和"柔光"（太空灰）进行叠加。

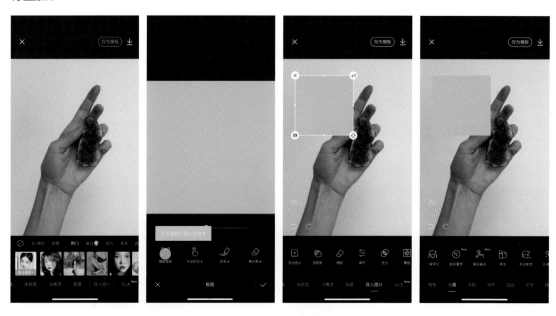

03 继续导入"太空灰"色卡，在色卡外点击即可取消选中。

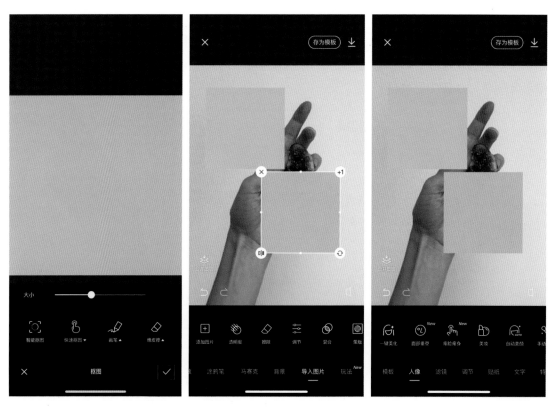

04 选中"莫兰迪绿"
色卡，点击"混合→正片叠
底"，双指将色卡放大至覆
盖全图。

05 选中"太空灰"色
卡，点击"混合→柔光"，
双指将色卡放大至覆盖全图。
这时画面明显提亮了，但不刺
眼，达到了莫兰迪主题范围的
温和柔雅效果。

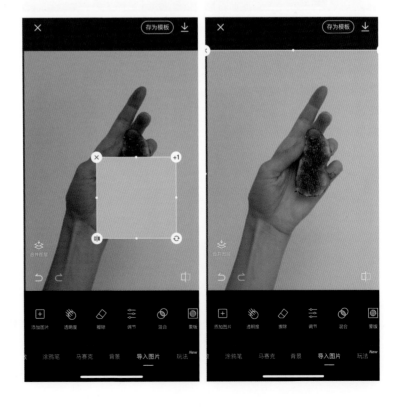

06 观察画面，细节稍显不足，亮度略差，可以进行调整。左滑底部菜单，点击"调节→光感"，将"光感"设置为8。调整"光感"后，画面整体缺少一点透彻感，可以调整亮度，使画面透彻协调。点击"调节→亮度"，将"亮度"设置为5。调整"亮度"后，细节不足，可以调整锐化。点击"调节→锐化"，将"锐化"设置为29。

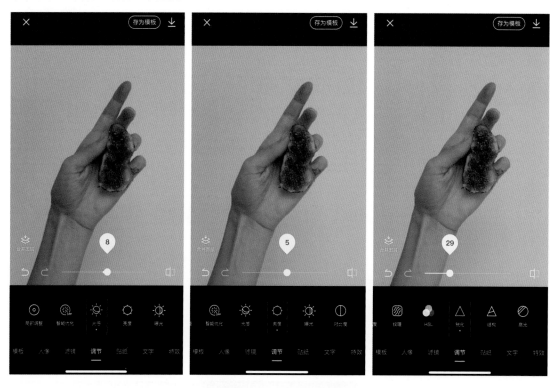

07 莫兰迪色系的特点是饱和度低，整体氛围偏宁静。将色温向左偏移为冷色系，带入一丝理性的思考，不似暖色系的热烈。点击"调节→色温"，将"色温"设置为 -9。莫兰迪色系虽是低饱和度，但两张色卡叠加后，将饱和度降得太低了，可以根据实际情况进行饱和度的加减。点击"调节→饱和度"，将"饱和度"设置为11。

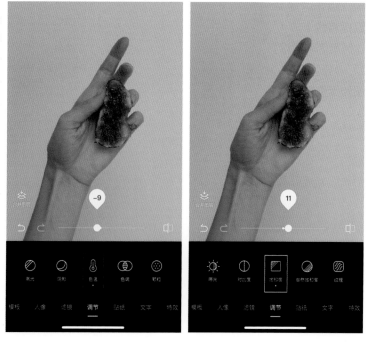

08 点击画面右上角的小箭头图标保存图片至相册，可在手机相册里查看效果图。也可以点击保存页的"修图回顾"按钮，回看修图的过程视频。下方可以为视频添加效果，确认效果之后，点击"√"，再点击视频上方的"导出"按钮，可以将修图视频保存到手机或发布到抖音。

2▶ 扩展应用

5.2 | 蓝灰、烟灰配色

5.2.1▶ 配色描述

人们都说蓝色给人沉闷的感觉，其实不然，蓝色与灰色搭配可以达成一种自然的柔和，柔美而不失力量感，冷艳中包含着柔情。

蓝灰配色与烟灰配色大体相同，组成原理也差不多，只是饱和度上面有一些小偏差。

有好几种方法可以达成配色，具体如下。

（1）三原色调多加点蓝就可以调出蓝灰色。

（2）蓝色加灰色直接调出蓝灰色，减掉饱和度就是烟灰色。

（3）蓝色加橙色也可以调出蓝灰色。

1▶ 配色参考

2 ▶ 选取配色

烟灰、蓝灰

3 ▶ 配色思路

蓝灰配色与烟灰配色都是小众风格，主要表达冷艳中的温柔，配色难度不高，往往用一张色卡就能完成。

导入"烟灰蓝"色卡或"蓝灰"色卡，混合模式使用"柔光"进行叠加，因原图不一样，导入后要注意调整照片的明暗关系。

5.2.2 ▶ 应用效果

使用"蓝灰"色卡或"烟灰"色卡叠加时要注意：**叠加的是整个画面，要保留人物脸部的颜色，不然会影响整个图片的色彩。**

这里只是用了一张色卡来达到想要的效果，细节上的光影调节是不可少的，这也是高质量出片的前提。

1 ▶ 操作步骤

01 打开"醒图"App，点击"修图"页上的"导入"按钮，导入拍摄的照片素材。

02 在底部菜单栏中选择"导入图片",导入"烟灰蓝"色卡。

03 点击"混合→柔光",双指将色卡放大至覆盖全图。这时画面有明显的改变,变成了灰蓝色,达到了烟灰和蓝灰主题的冷艳,同时也不失温柔。

04 覆盖全图后点击"智能优化"（新手福音）。观察图片整体发现偏亮、偏蓝，点击"HSL"，选中蓝色，设置"饱和度"为 –15、"明度"为 –19，达成蓝灰色调整体效果。

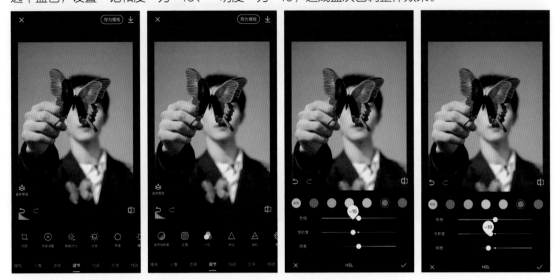

05 返回菜单栏观察图片整体细节，还是偏亮，色彩饱和度偏高。在底部菜单栏中选择"调节"，设置"亮度"为 –25、"饱和度"为 –32，蓝灰效果完成，保存图片至相册。

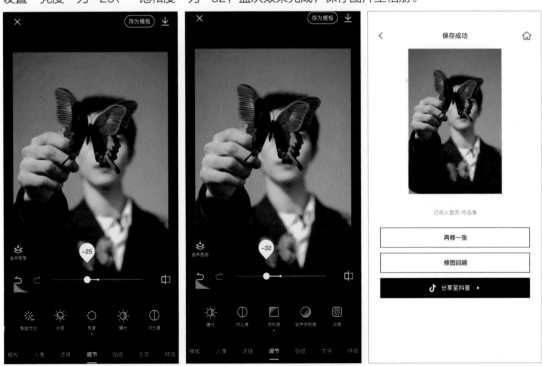

2▶ 扩展应用

学会蓝灰配色便掌握了一种新的情绪表达方法，但怎么去应用、怎么发现新的创意点，就需要读懂美的心灵和发现美的眼睛了。

尝试在不同情况下去使用蓝灰、烟灰配色，说不定会有新的惊喜！

5.3 莫奈灰配色

5.3.1 配色描述

莫奈灰叫"莫奈的灰"可能更合适,它是文森特·凡·高最爱用的颜色,是一种灰色,在色相上是明度最高的色彩,给人温暖、愉悦、向上的感觉。莫奈是印象派代表人物和创始人之一,一位将光影和色彩运用到极致的大师。莫奈灰其实不是一种单一的色彩,它暗中混合了各种颜色,是将纯度降到极低,又能透出色彩的高级灰。而灰色本身就被用于描述一些暗淡和单调的东西,比较受金融人士喜欢,代表着诚恳、沉稳、考究。

神奇的是,莫奈灰无法被相机色彩所记录,只能用眼睛去看。可以粗略地认为它是和大理石、地板砖的灰色一样的颜色。

莫奈灰的 RGB 比值是 150:155:158。

1 配色参考

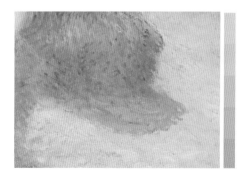

2▶ 选取配色

太空灰、灰粉

3▶ 配色思路

（1）莫奈灰主题的表现方式偏向油画风格，我们可以先把它转化成油画图。

（2）莫奈灰可以使用两张色卡进行叠加，达到灰和灰粉色调的着色，灰色和灰粉色是莫奈色调的表现形式。

（3）"太空灰"色卡主要用于对画面进行提亮，渲染奶灰色，使之贴近油画的画笔颜色。

（4）"灰粉"色卡主要是渲染细微的粉色，使画面柔和、和谐、有平顺感。

（5）可以多看画展提升自己的审美，同时记录大师作品的色调，进而模仿学习，达到提升自己的目的。

5.3.2▶ 应用效果

1 ▶ 操作步骤

01 打开"Picsart 美易"App，点击底部的"+"导入照片。

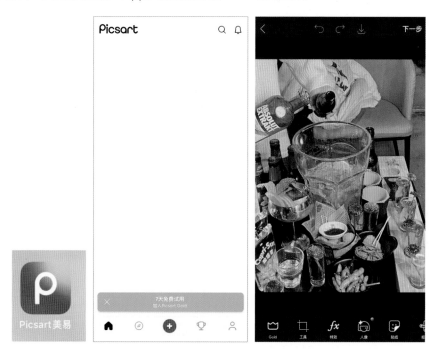

02 在底部菜单栏中选择"特效"，选择"艺术效果"，点击"油画"，设置"补光"为24，"渐暗"为0，这里的调节是为了使油画效果更好，为下一步调节做铺垫。

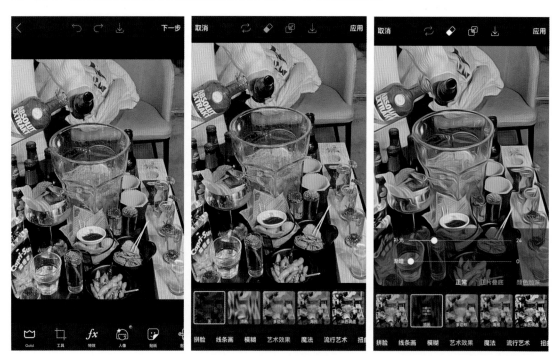

03 点击右上角的"应用"，保存转化成油画的成品照片，可以在相册里查看。

04 打开"醒图"App，点击"修图"页上的"导入"按钮，导入转化成油画的成品照片。

05 在底部菜单栏中选择"导入图片"，导入"太空灰"色卡，在色卡外点击即可取消选中。

06 继续导入"灰粉"色卡，在色卡外点击即可取消选中。

07 选中"太空灰"色卡,选择"混合",选择"正片叠底",将色卡放大至覆盖画面,使整个画面细节更丰富,渲染油画的唯美感。

08 点击"灰粉"色卡,选择"混合",选择"柔光",将色卡放大至覆盖画面,渲染整个画面的柔和度,达到画面舒适、不刺激、柔滑平顺的效果。

09 在底部菜单栏中选择"调节",设置"光感"为 -36、"亮度"为 -13、"结构"为 20、"高光"为 -55、"色温"为 10,调整画面细节,解决套用色卡后画面明暗关系失衡的问题。

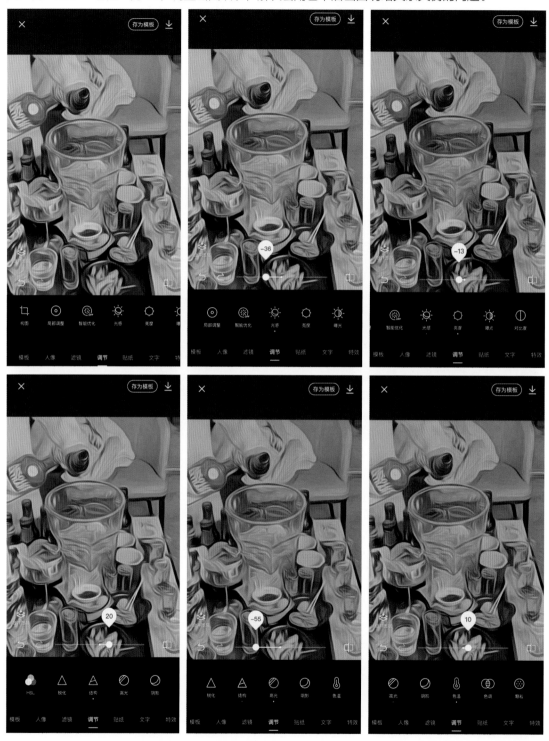

10 点击画面右上角的小箭头图标保存图片至相册,可在手机相册里查看效果图。也可选择"修图回顾"回看修图步骤,还可直接分享至抖音。

2 ▶ 扩展应用

　　艺术来源于生活，我们要热爱记录生活，因为每一天都不会重来。

　　本节分享的莫奈灰配色简单易学，适合风景画面和有规则的物品，如欧式艺术照，但不适合人像写真，因为油画感会使人看不清脸。

5.4 | 暗绿系配色

5.4.1 ▶ 配色描述

　　暗绿系配色充满着高级电影感。我们日常拍照一般以手机拍摄为主，照片显得灰质感不足，而暗绿系配色可以营造出电影大片感。

暗绿系配色在色彩上尽量不要太杂乱，以暗淡色为主，再调整饱和度与明暗高光进行艺术搭配。一般适用于公园小树林、北方常绿植物等拍摄主体。

配色时使用色卡填补空白区域，或者整体渲染。这样做有以下三个好处。

（1）可以更加简单地达到想要的效果。

（2）能避免图片画质不清晰带来的噪点。

（3）照片、视频通用。

1▶ 配色参考

2▶ 选取配色

（注：这里选取配色为调整后的颜色）

3▶ 配色思路

暗绿系色调的画面偏暗，虽然偏暗但绿色偏灰，所以画面质感很好。画面中的颜色除去绿色，其他颜色全部去掉或降低饱和度。在"HSL"中选中绿色，调整画面中绿色的呈现效果。

5.4.2▶ 应用效果

1▶ 操作步骤

01 打开"Lightroom CC"App，点击右下角的小相机图标，选择"从'相机胶卷'中"导入照片素材。（注：Lightroom CC 有两个版本，PC 端和手机端都需注册账号，按照引导完成注册即可。）

02 在底部菜单栏中选择"亮度"，设置"曝光度"为 −0.47、"对比度"为 +11、"高光"为 −51、"阴影"为 +24，先调整明暗关系来使画面和谐，再进行下一步。

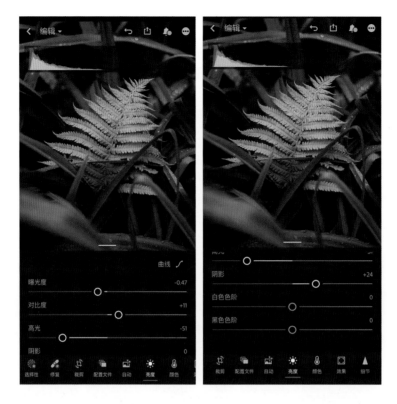

03 在底部菜单栏中选择"颜色",设置"色温"为 -9(注:"颜色"栏可以调整照片中包含的颜色,包括整体颜色与某一种颜色)。色温主要把控照片整体温度偏冷或偏暖。

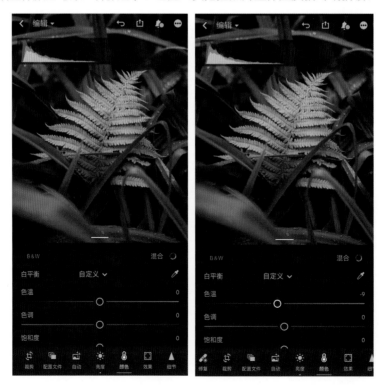

04 点击"混合"，选中绿色，设置"色相"为 +24、"饱和度"为 –33；选中黄色，设置"色相"为 +100。

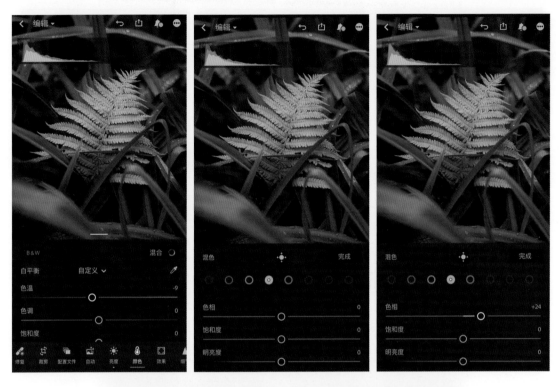

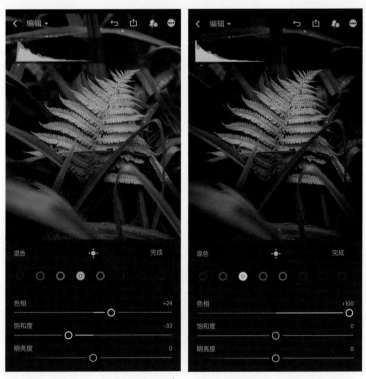

05 在底部菜单栏中选择"亮度"，设置"黑色色阶"为 -37；在底部菜单栏中选择"颜色"，设置"饱和度"为 -57，大致调整细节，让其与目标效果更为一致。

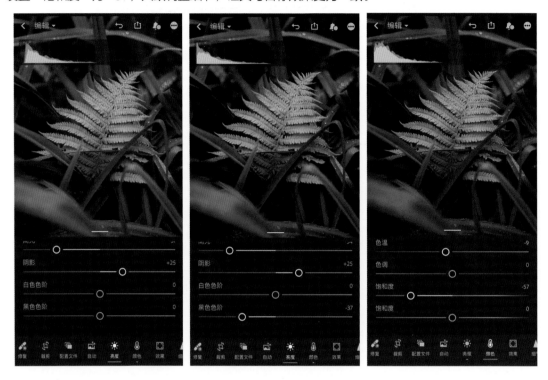

06 在底部菜单栏中选择"效果"，设置"清晰度"为 +22、"晕影"为 -31；在底部菜单栏中选择"细节"，设置"锐化"为 27。

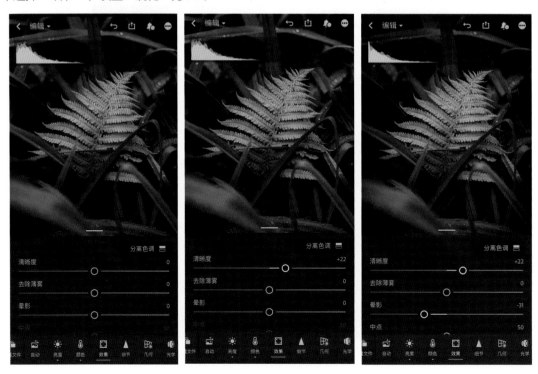

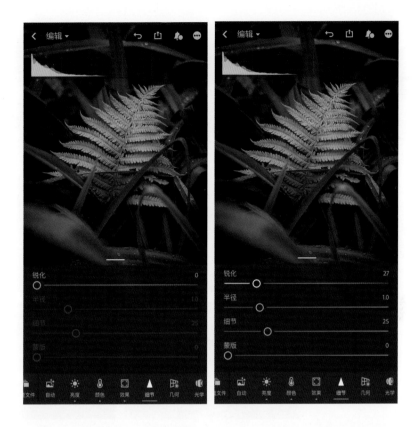

07 点击画面右上角的小箭头图标保存图片至相册，可在手机相册里查看效果图。

2 ▶ 扩展应用

暗绿色系意外地与竹子主题十分贴合，古韵生香的感觉油然而生，就像是电影中的画面。

暗绿色系比较适合的场景有：森林、大雾、绿植、阴暗角落、风格化写真。

大家可以大胆地去尝试使用暗绿系配色，也许会有不一样的效果。比如户外直播、电影风格、国韵风格，淡淡的暗绿色系与环境相融，就会展现出别样的安逸感。

5.5 ▶ 哈苏蓝配色

5.5.1 ▶ 配色描述

"哈苏蓝"这个词源于哈苏相机，因为哈苏 X5 扫描仪扫出的照片带有蓝调，所以摄影师们将这个色调亲切地称为"哈苏蓝调"。

有一个经典画面大家应该都见过，那就是微信的登录页面——从太空俯拍地球，这张照片就是使用哈苏相机在阿波罗 17 号上面完成拍摄的。

整体呈低对比、偏蓝色的色调即哈苏蓝调。想要获得哈苏蓝调，调整对比、白平衡、高光、阴影、色调分离等都是非常关键的步骤。

1▶ 配色参考

2▶ 选取配色

灰蓝色

3▶ 配色思路

哈苏蓝配色和日系胶片感有点相似，逆光下的日系胶片加上灰蓝色，再加一点点品红色，即"过曝感 + 灰蓝 + 品红"，就能得到哈苏蓝色调。以"醒图"App 为例，复古滤镜"东京 + 胶片CT3"可以得到偏白胶片的效果，然后添加"灰蓝"色卡可以得到哈苏蓝色调，这属于数码仿胶片效果。

5.5.2▶ 应用效果

使用复古"东京"滤镜加"胶片CT3"滤镜，再添加"灰蓝"色卡得到哈苏蓝色调，最后进行细节调整。

1 ▶ 操作步骤

01 打开"醒图"App，点击"修图"页上的"导入"按钮，导入拍摄的照片素材。

02 在底部菜单栏中选择"滤镜"，选择"复古"类中的"东京"，将整个画面渲染为偏白。

03 点击"高级编辑"按钮，再点击"叠加滤镜"，选择"胶片"类中的"CT3"，设置数值为 28，哈苏蓝效果的基础就打好了。

04 在底部菜单栏中选择"导入图片"，导入"蓝灰"色卡，点击"混合→柔光"，将色卡拉至全屏覆盖照片。柔光的混合模式渲染的颜色较淡，能增加氛围感，照片像素差一点也不影响。

05 在底部菜单栏中选择"调节",设置"光感"为 -42、"亮度"为 -24,调整画面明暗关系。

06 设置"锐化"为 15、"结构"为 27（锐化增加线条感，结构调整框架），使画面更具质感。

07 设置"色温"为 -63、"色调"为 62，控制整体画面的氛围感。

08 点击画面右上角的小箭头图标保存图片至相册，可在手机相册里查看效果图。

2 ▶ 扩展应用

哈苏蓝的出现是个巧合，是因为当时的技术不够完善而出现的美妙的错误，但是没有人能拒绝蓝色的魅力。哈苏蓝常用于扫街纪实、河边、海边、落日、写真。后期技巧有局限，但是拍摄尝试没有约束，可以多尝试在不同的场景下使用哈苏蓝。

5.6 静谧蓝配色

5.6.1 配色描述

本节为大家介绍静谧蓝色调。静谧蓝在 Ins 上非常流行，又称为"性冷淡"色调。蓝色通常让人联想到大海、太空、宇宙，能表现沉稳的感觉，在企业 PPT 中常常用来强调"科技""效率"。蓝色也代表忧郁，这是受西方文化的影响，这种意象也运用在文学作品或有感性诉求的商业设计中。

静谧蓝配色的色调偏蓝、偏暗，看起来有点灰，用于烘托氛围，带有神秘感，是类似高级灰的一种调色思路。

在笔者看来，静谧蓝带有平静、柔和、不压抑、舒缓压力的感觉。降低静谧蓝的饱和度会让画面更为柔和，有点偏向日系，沉稳中带着舒缓。

静谧蓝和雾霾蓝都是蓝色，静谧蓝泛点紫色，雾霾蓝泛点灰色。简而言之，静谧蓝是介于深蓝与天蓝之间的颜色。如果用一种花来代表静谧蓝，就是带给人安逸、清凉感的薰衣草。

蓝色的象征意义取决于它的透明度，静谧蓝是低明度的蓝色，它象征着庄重与崇高，代表着爱与永恒，同时给人一种沉稳、优雅的感觉。

1 配色参考

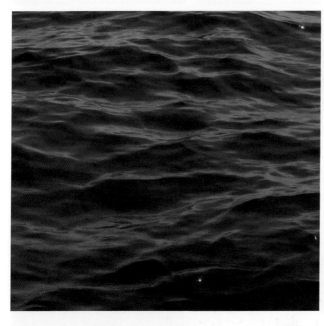

2 选取配色

深蓝色

3▶ 配色思路

静谧蓝主题能给人安静、平稳、放松的感觉，所以在表现上偏向对比（黄蓝对比、冷暖对比），大面积的蓝调映衬点滴黄色，以此为前提，静谧蓝 = 偏灰 + 深蓝（叠加）+ 对比曲线。

在视频配色中需要先使画面偏灰，再调整曲线完善效果，然后叠加色卡，最后微调整，注意细节。

5.6.2▶ 应用效果

导入图片，使用"深蓝色"色卡叠加，稍稍调整曲线，达成静谧蓝效果。

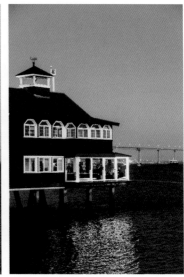

1▶ 操作步骤

01 打开"醒图"App，点击"修图"页上的"导入"按钮，导入拍摄的照片素材。

02 在底部菜单栏中选择"导入图片"，导入"深蓝色"色卡。

  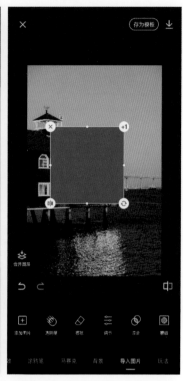

03 点击"混合→叠加"，双指将色卡放大至覆盖全图，完成整体氛围塑造。

 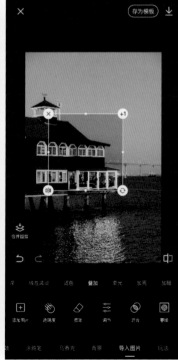 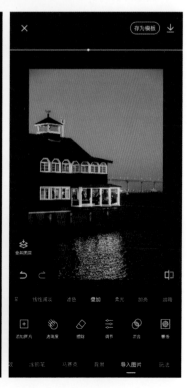

04 在底部菜单栏中选择"调节",点击"智能优化",智能调节部分细节。

05 设置"光感"为 -57、"亮度"为 -35、"曝光"为 -33,调整明暗关系,柔化照片对比度,突出冷暖对比。

06 设置"对比度"为 –21、"自然饱和度"为 –13。选择"HSL",选中蓝色,设置"饱和度"
为 –8、"色温"为 13,降低饱和度契合静谧蓝主题,色温控制画面氛围感,使画面更为舒适。

07 点击画面右上角的小箭头图标保存图片至相册，可在手机相册里查看效果图。

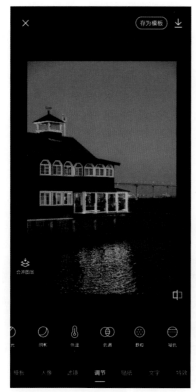

② 扩展应用

静谧蓝独特的气质营造出一种高贵不凡的优雅调性。在永恒的灰色基调下，深浅不同的蓝色为画面增添了复古、柔美、冷酷的调性。

蓝调时刻是拍摄静谧蓝的大好时间，这种风格可运用在徒步、旅拍等场景。

5.7 | 克莱因蓝配色

5.7.1 配色描述

"克莱因蓝"这个词诞生于 1957 年，法国艺术家 Yves Klein（伊夫·克莱因）在米兰画展上展出了八幅同样大小，涂满近似群青色的画。由此"克莱因蓝"正式亮相，被命名为"国际克莱因蓝"（简称"克莱因蓝"）。

克莱因蓝被誉为一种理想之蓝，绝对蓝，相信只有最单纯的色彩才能唤起最强烈的心灵感受力，象征着广阔的大海、自由、无限的天空。克莱因曾说："表达这种感觉，不用解释，也无须言语，就能让心灵感知。"

克莱因蓝近年在国内突然大火，得益于以下几点。

（1）这个颜色显白。

（2）这个颜色百搭。同色系穿搭简单，高级混搭层次感分明又不显呆板，容易营造优雅浪漫的感觉，非常提升气质。

（3）国内短视频的流行风格化展现频频出现在大众视野，使其由小众走向了大众。

1▶ 配色参考

 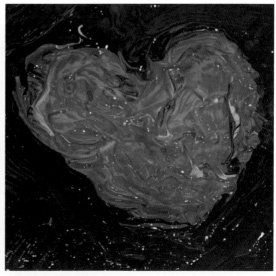

2▶ 选取配色

克莱因蓝（RGB：0:47:167）

3▶ 配色思路

克莱因蓝的配色思路非常简单，画面整体为极致的蓝色。

第一种直接添加"克莱因蓝"色卡就能得到克莱因蓝的效果，但成品不精致，所以一般情况下，都会再使用曲线工具去调整画面的明暗细节。

第二种直接使用曲线工具，调整蓝色曲线与白色曲线也能得到克莱因蓝风格的成品。

在视频调色中这两种方法是通用的，叠加色卡并调整曲线，蓝色曲线向上拉动渲染整个画面，添加对比度突出蓝色和其他颜色的对比。

5.7.2▶ 应用效果

导入"克莱因蓝"色卡，混合模式使用"叠加"，明度降低一点，得到克莱因蓝照片。最后进行细节调整、明暗关系调整。

1 ▶ 操作步骤

01 打开"醒图"App，点击"修图"页上的"导入"按钮，导入拍摄的照片素材。

02 在底部菜单栏中选择"导入图片"，导入"克莱因蓝"色卡，点击"混合→叠加"，渲染画面整体效果。

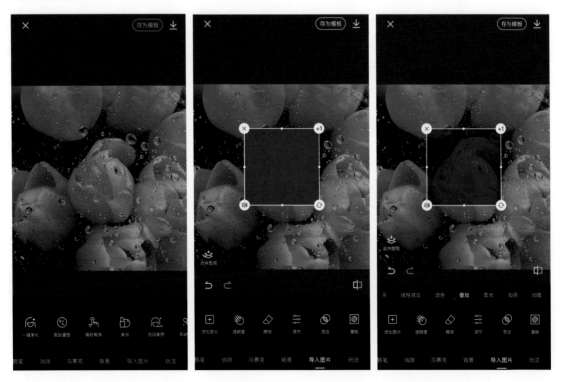

03 双指将色卡放大至覆盖全图，设置"透明度"为84；在底部菜单栏中选择"调节"，设置"光感"为34，降低太浓重的画面蓝色调，方便后期调色。

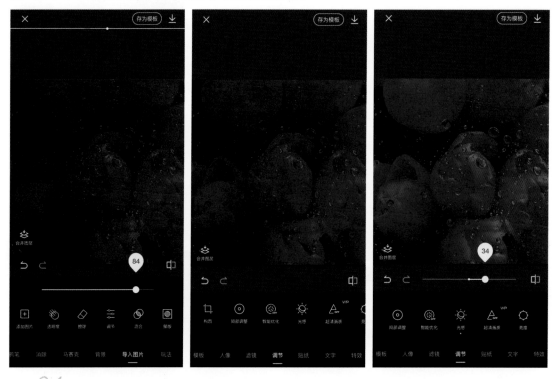

04 设置"锐化"为65、"结构"为91、"高光"为100，调整整体细节，突出结构高光，拉高亮度，凸显图片白色部分。

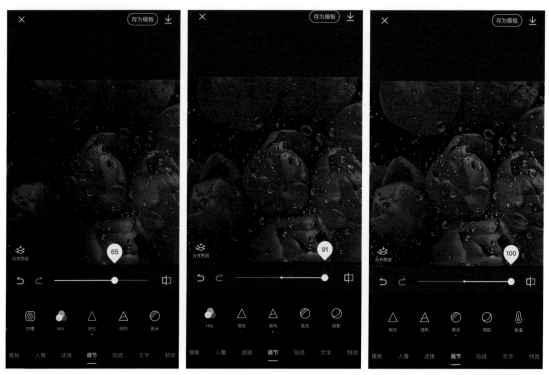

05 设置"阴影"为 –35，设置"HSL"，调整曲线，提亮高光部分，压低阴影部分，提升对比度。

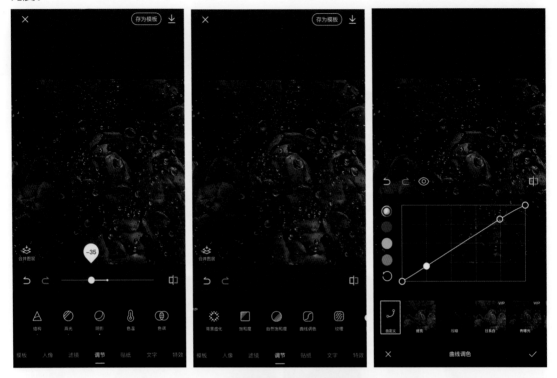

06 点击画面右上角的小箭头图标保存图片至相册，可在手机相册里查看效果图。

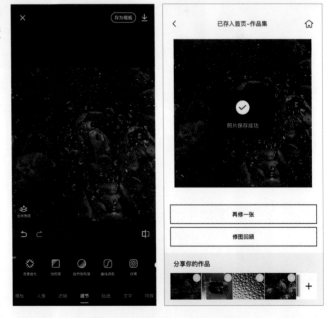

2▶ 扩展应用

　　克莱因蓝冷知识：虽然大牌们号称自己热爱克莱因蓝，但是克莱因蓝在搭配上有门槛，而且容易水洗褪色，所以几乎所有的克莱因蓝都是单品。不过现在随着技术的提升，不用再担心水洗褪色的问题了。

这个色调偏向小众化风格，了解的人比较少，适合的环境如下。

（1）网红打卡地。

（2）简约系海边夜晚。

（3）个性化写真。

（4）艺术类题材。

5.8 暗系配色

5.8.1 配色描述

暗系色调是一个笼统的称呼，泛指画面亮度低、饱和度不高、对比度较高、氛围感在线的色调。例如，Ins 暗黑风、暗调、暗调颗粒感、黑色哥特式、美式军阀风等，都可以归为暗系风格。

暗系风格常出现在电影里面，适合宏大、震撼的画面，同时杂糅了些许冷暖对比，整个画面富有冲击感。

画面暗、不明亮但细节保留完整，用于日常配色，就是暗系色调。

暗系色调简单易操作，使用"黑色"色卡直接套用就可以了，图片细节根据照片进行调整。

1 配色参考

Ins 暗黑风、暗调、暗调颗粒感

2 选取配色

3 配色思路

暗系色调是比较容易上手且能在日常生活中广泛运用的一种色调风格，只需要一张"黑色"色卡就能搞定。"黑色"色卡主要用于拉低主体物以外的颜色的饱和度，亮度与主体的亮度形成鲜明的对比，同时调整整体的饱和度来达成整张照片的和谐，细节上把控高光，形成类似塑料的质感。

5.8.2 应用效果

导入"黑色"色卡,混合模式使用"柔光",双指将色卡放大至覆盖全图,得到暗系风格的大体效果,最后进行细节调整,优化明暗关系。

1▶ 操作步骤

01 打开"醒图"App,点击"修图"页上的"导入"按钮,导入拍摄的照片素材。

02 在底部菜单栏中选择"导入图片",导入"黑色"色卡。

03 点击"混合→柔光",双指将色卡放大至覆盖全图;在底部菜单栏中选择"调节",点击"智能优化",利用 App 的智能处理功能方便快捷地处理图片。

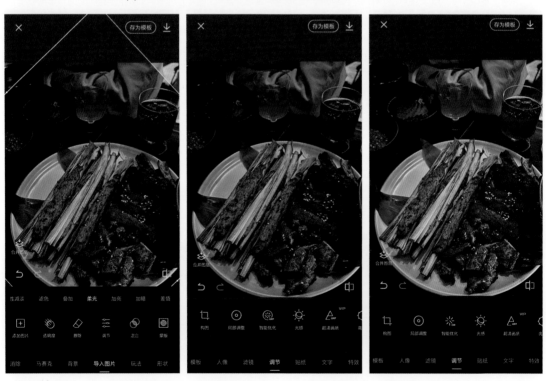

04 设置"光感"为 -16、"亮度"为 -37、"对比度"为 8，通过降低光感来提升艳丽感，通过降低亮度来拉升氛围，通过提高对比度来提升舒适度。

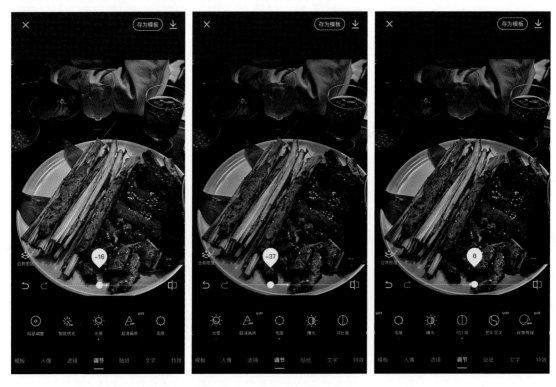

05 设置"结构"为 25、"阴影"为 -22、"颗粒"为 27。

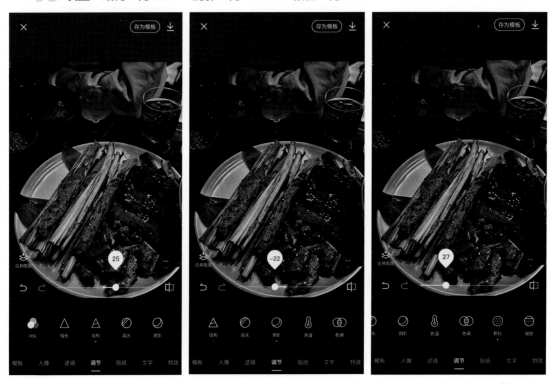

06 点击画面右上角的小箭头图标保存图片至相册，可在手机相册里查看效果图。

② 扩展应用

暗系色调不仅可以应用在美食照片上，运用在咖啡、徒步、秋天等照片上都是非常不错的选择。

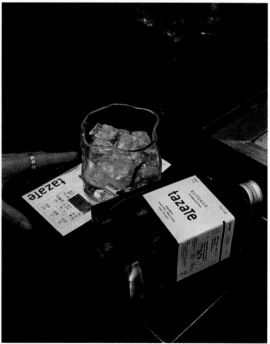

主题风格配色实战

6.1 纯欲风配色

6.1.1 配色描述

　　"纯欲"是2019年开始流行于网络的词汇，意思是长相非常清纯，但是穿着或动作又有些性感。

　　纯欲照片在拍摄前期要注意妆容，不要带有攻击性，要做到"画了和没画一样"的效果。纯欲风格的联想词有"少女感""小性感"等，服饰包含局部修身款、吊带、针织开衫、蕾丝等，颜色方面选择奶油色系、撞色穿搭等。

　　在后期修图中，纯欲风配色由暖色与冷色搭配组成，冷暖达成协调，照片清晰富有质感，用一张白色的色卡叠加就能达到效果，简单实用。

1 配色参考

　　区别于其他配色选取样片上的颜色用于叠加修饰整体图片，纯欲风配色是使用白色来提亮整体，然后使画面偏向少女的清纯亮丽感觉。

2 选取配色

3 配色思路

　　在本次修图中，"白色"色卡的作用非常关键，用于调整画面整体的亮度而不凸显噪点，不使画质降低。"白色"色卡叠加柔光效果提亮整体画面，将黄黑的皮肤直接美白，一步提升画面透彻度。

　　然后调节照片的色温、色调，使之达成和谐，画面整体透亮，带有少女的粉嫩。

6.1.2 应用效果

导入"白色"色卡，混合模式使用"柔光"进行叠加，达到透彻、美白的效果，然后调整细节。

1 操作步骤

01 打开"醒图"App，点击"修图"页上的"导入"按钮，导入拍摄的照片素材。

02 在底部菜单栏中选择"导入图片"，导入"白色"色卡。

03 点击"混合→柔光"，双指将色卡放大至覆盖全图，提亮照片整体，将黄黑皮改成冷白皮。

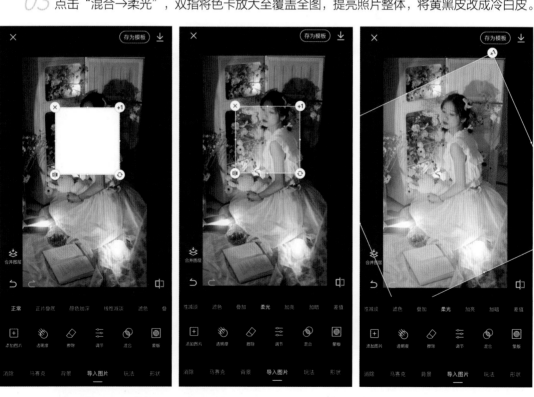

04 在底部菜单栏中选择"调节"，点击"智能优化"，设置"光感"为 -40、"锐化"为 22，处理后可增强氛围感，增加细节。

05 设置"结构"为 36、"阴影"为 19、"色温"为 9，再次增加整体细节，提亮阴影部分，增加图片整体的暖色调。

06 设置"色调"为35，使色调偏向品红，增加少女的粉嫩感，最后点击画面右上角的小箭头图标保存图片至相册，可在手机相册里查看效果图。

2▶ 扩展应用

制作纯欲风色调是非常简单的，但还有些可以运用在其他地方的小知识，比如说用"白色"色卡来调整皮肤，提亮整体画面而不降低画质，同时改变色温营造冷系风格，大家可以进一步开发色卡的更多玩法。

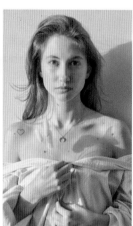

6.2 港风配色

6.2.1 配色描述

港风兼具中西方文化的特点，简洁之下是别具心思的现代感，低调之下是掩饰不住的奢华，同时配以亮闪闪的饰品加上精致的妆容，显得画面非常精致。

一提起"港风"，大家就会想起王家卫拍摄的《春光乍泄》《重庆森林》等电影，港风配色泛指整体由黄色、红色、绿色等组成的照片效果。

港风照片常常会选择在隧道、老建筑、都市街道等地方拍摄，富有七八十年代的革命浪漫风情，色彩多以青、深、高饱和为主。

在修图时，分别使用"黄色"和"红色"色卡叠加，以达到渲染整体画面的效果，再根据照片做细微调节。

黄 + 红 = 绿，也可以说"牛油果黄"。

1 配色参考

画面主要以浓郁的色调为主，如黄色、红色、蓝色及暗部的绿色。这些色彩充满了时代的记忆，代表了一代人的审美成就。

2 选取配色

3 配色思路

牛油果黄其实是"黄 + 红 = 绿"，再偏向一点点黄的色彩，追求简单，以一步到位为目标。其中颜色偏深是因为我们使用的混合模式"柔光"会淡化色彩，用色卡渲染整体效果，而后再根据照片进行细微的调节，在混乱中寻求一定的规律。

6.2.2 应用效果

导入色卡，混合模式使用"柔光"进行叠加，稍加调整达成港风复古效果。

1▶ 操作步骤

01 打开"醒图"App，点击"修图"页上的"导入"按钮，导入拍摄的照片素材。

02 在底部菜单栏中选择"导入图片"，导入"牛油果黄"色卡。

03 点击"混合→柔光",双指将色卡放大至覆盖全图,渲染画面整体色调。

04 在底部菜单栏中选择"调节",点击"智能优化",设置"光感"为 –27,处理一些细节的同时降低光感,增加氛围感。

05 设置"曝光"为-20、"锐化"为30、"结构"为36，再次降低整体画面亮度、高光区，使画面偏暗，增加锐化和结构，让画面多点噪点。

06 设置"色温"为10、"色调"为10，选择白色曲线进行调整，单独压低阴影部分。色温、色调搭配使用可以补齐细节，曲线单独压低阴影部分能使照片层次更分明。

07 点击画面右上角的小箭头图标保存图片至相册，可在手机相册里查看效果图。

2▶ 扩展应用

这种配色方式可以应用在 Vlog 中，操作方法是一样的，只是改动了一点点细节，即要使用画中画进行叠加。港风风格也很适合写真、旅行、复古建筑等有复古民国风情的拍摄场景。

6.3 | 滨田英明风配色

6.3.1 ▶ 配色描述

滨田英明风格和我们常说的日系风格、小清新风格很像，滨田英明是一名日本摄影师，常拍摄以温情、清新为主题的照片。这类风格常用于表现亲情、生活，平平淡淡中闪耀着朴实的快乐。

在国内，滨田英明风常用在日系写真创作上，记录少女活泼、快乐、率真、美丽的一面。

其实，滨田英明风格与日系风格、小清新风格是有区别的，因为图中多了一点点青色，而日系风格、小清新风格偏白、偏过曝感。

这类风格的照片中透露着宁静、明亮，展现阳光向上的一面。在创作时要注意画面的曝光比不能太过，同时饱和度不能过高，否则会显得浓妆艳抹而失去清新质感，暗调部分也不能过暗。

1 ▶ 配色参考

画面主要聚焦于小孩子，捕捉他们在运动中流露出的真实情感。整体画面干爽轻快，定格了快乐的时刻。以夏天为主题，较多依赖外景拍摄。

2 ▶ 选取配色

3 ▶ 配色思路

滨田英明色调是小清新色调加上青色而形成的一种色调，没有太繁杂的工序。使用"原生"滤镜加上"青色"色卡就可以得到滨田英明色调。在调整细节时，使用曲线工具调整画面明暗对比，加上绿色色相对比，增加曝光以形成亮眼清新的感觉。

6.3.2 ▶ 应用效果

使用"原生"滤镜调整整体效果，达成初步小清新效果，再叠加"青色"色卡，混合模式使用"柔光"进行叠加，最后调整细节。

1 ▶ 操作步骤

01 打开"醒图"App，点击"修图"页上的"导入"按钮，
导入拍摄的照片素材。

02 在底部菜单栏中选择"滤镜"，选择"质感"类中的"原生"，初步达成小清新色调基础，
优化画面明暗对比。

03 在底部菜单栏中选择"导入图片",导入"青色"色卡。

04 点击"混合→柔光",双指将色卡放大至覆盖全图,使画面整体带些青色。

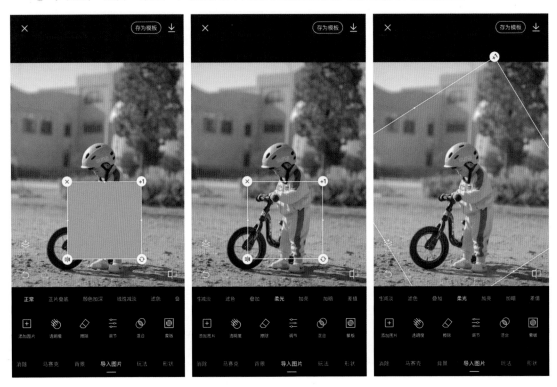

05 设置"透明度"为 63，降低透明度是因为青色在画面中的色彩浓度太高了，需要降低一部分。

06 在底部菜单栏中选择"调节"，设置"光感"为 27、"亮度"为 14、"曝光"为 8，这里重新调整画面整体亮度是为了达成明亮透彻的效果，但因为图片本身调节得比较亮了，所以只需要稍稍添加一点亮度就好。

07 设置"锐化"为 15、"结构"为 29、"色调"为 −9，这里的锐化与结构主要是用于加强图片细节，可以根据个人爱好来选择是否添加。

08 点击"曲线调色"，调整白色曲线，向上提亮画面，向下压低亮度，可使画质更好。点击画面右上角的小箭头图标保存图片至相册，可在手机相册里查看效果图。

2 ▶ 扩展应用

滨田英明风格同样适用于人物个性创作、野餐出游、写真。可以将我们日常不知道怎么调的照片拿来尝试一下这种风格，可能会有意外的惊喜。

6.4 | 动漫风配色

6.4.1 ▶ 配色描述

动漫风配色的灵感来源于当下流行的动漫，比如《天气之子》《你的名字》《起风了》，颜色搭配给人的感受为：眼前一亮、舒适、向上、阳光、清晰透彻，整体蓝蓝的像天空一样，给人视觉上的享受，开启一天的好心情。同时，这类风格带有"高饱和度"和"小清新风"的明亮之感，可以使用"白色"色卡和混合模式"柔光"来提亮整体。

动漫风一般带有一定的感情，有想要表达的意向内容，不单追求好看，还传达了青春时的心动烂漫。

1▶ 配色参考

2▶ 选取配色

3▶ 配色思路

　　动漫风配色在使用"白色"色卡调整画面时会造成整体画面偏向白色，需把握好其透明度数值，不能让画面失去透明度，同时"白色"色卡还有将皮肤变白的隐藏效果。但在拍摄的前期最好拍到云朵，方便 DIY，不然只能后期去添加。

　　动漫风配色的整体思路可以理解为：皮肤白皙 + 环境透彻 + 清晰蓝 + 光线充足 = 动漫风配色。

6.4.2 ▶ 应用效果

　　使用"白色"色卡叠加柔光效果，再进行细节调整，可得到动漫风配色。

1▶ 操作步骤

01 打开"醒图"App，点击"修图"页上的"导入"按钮，导入拍摄的照片素材。

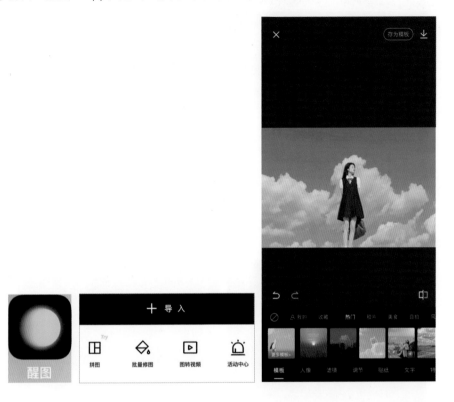

02 在底部菜单栏中选择"导入图片"，导入"白色"色卡，点击"混合→柔光"。

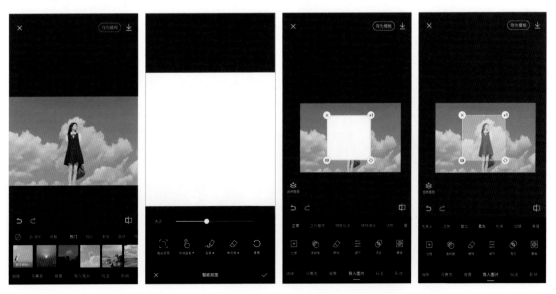

03 双指将色卡放大至覆盖全图，设置"透明度"为 34，白色营造的基础明亮度太高，所以需要降低一点透明度。

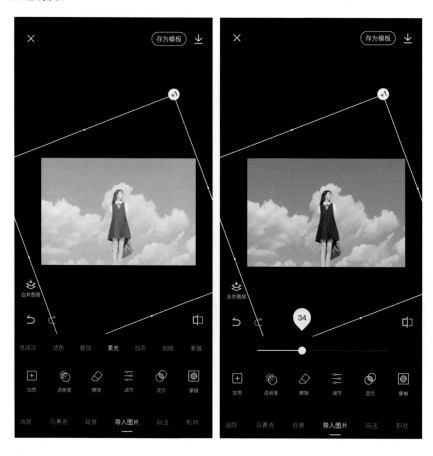

04 在底部菜单栏中选择"调节"，点击"智能优化"，设置"光感"为 –19、"对比度"为 8、"锐化"为 66、"结构"为 25，增加画面细节。

05 设置"阴影"为 -47、"色温"为 10、"色调"为 21，完善明暗关系，同时增加一点暖色关系与品红色调，使画面更舒适。

06 点击"HSL"，设置蓝色的"饱和度"为 16，单独调整画面蓝色。

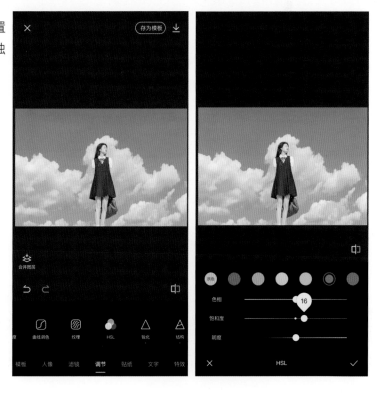

07 点击"曲线调色"，调整蓝色曲线，如下图所示打上三个点，稍稍拉高高光部分，调整画面中部亮度。

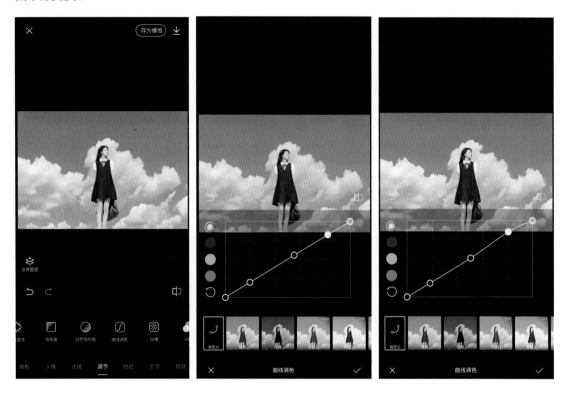

08 点击画面右上角的小箭头图标保存图片至相册，可在手机相册里查看效果图。

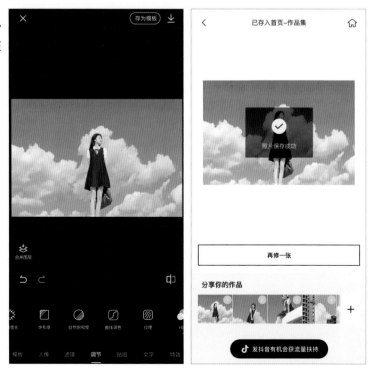

2 扩展应用

动漫风配色非常适合夏天，带有清爽感，让人眼前一亮。在云南拍摄这种风格有种天然优势，蓝天、白云、小风车、奶油色的小型大巴，宁静祥和。拍摄时要注意画面简洁，可用低机位仰拍，将人物背景置于云朵之上，塑造简洁之美，也可配合广角镜头拍出二次元的视觉冲击感。

6.5 | 国风配色

6.5.1 配色描述

国风配色指的不是中国红，而是中国古典颜色的统称，它们来源于先辈对于生活的观察，同时它们的命名大多有经典的诗歌或名画相伴，是不是很有意思？

下面我们用"西子色"举例。"西子色"其实是一种绿色，但是在明亮的环境下通常不呈现为绿色，它是一种低饱和色系，与广为人知的"莫兰迪色系"有相同的性质。它来源于西湖，出自苏轼"欲把西湖比西子，淡妆浓抹总相宜"的诗句，能让人联想到西湖湖水的颜色，闭目想象一下，行人穿着和西湖湖水颜色一样的衣服，在西湖旁边漫步，有一种说不出的清新之感，比起现在流行的"克莱因蓝"，更显浪漫与低调。

1 ▶ 配色参考

　　导入"西子色"色卡，使用混合模式"柔光"就能达成效果。

2 ▶ 选取配色

　　一抹天然的清新绿，但通常在光照环境下呈现绿色。　　　　　　　　　　　　西子色

3 ▶ 配色思路

　　导入要修饰的照片，添加"西子色"色卡，使用混合模式"柔光"渲染整体色调，再进行细节调整。这种风格与蓝色搭配会很和谐，适用于极简构图及背景简单的照片。如果背景复杂，使用色卡配色就需要进行颜色的单独调整，难度会高很多。

6.5.2 ▶ 应用效果

　　导入"西子色"色卡，使用混合模式"柔光"即可达到大致效果。

1▶ 操作步骤

01 打开"醒图"App，点击"修图"页上的"导入"按钮，导入拍摄的照片素材。

02 在底部菜单栏中选择"导入图片"，导入"西子色"色卡。

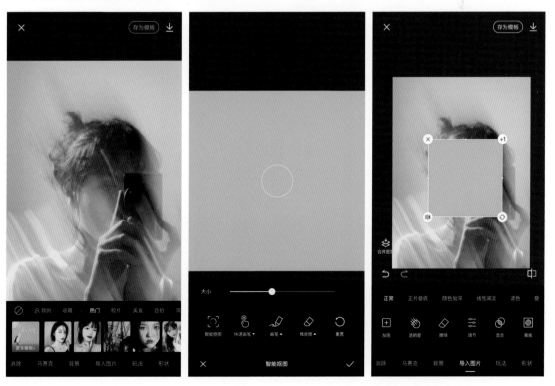

03 点击"混合→柔光"，双指将色卡放大至覆盖全图，渲染整体效果。

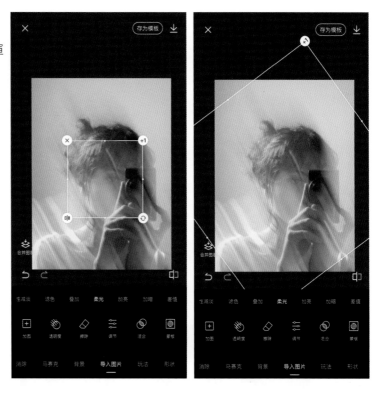

04 在底部菜单栏中选择"调节"，点击"智能优化"，设置"亮度"为8、"锐化"为41，智能调整画面大致效果，同时增强画面细节。

05 设置"结构"为 -56，"色温"为 -11，降低整体清晰度以增加模糊感，同时降低色温以增加清冷感。

06 点击画面右上角的小箭头图标保存图片至相册，可在手机相册里查看效果图。

2▶ 扩展应用

　　本次的扩展内容主题是国风，古人是非常浪漫的，对于各种事物的称谓也都非常有雅意。就拿颜色来说，古人为每一种颜色取的名字都很有意境，如黛蓝、月白。

　　黛蓝就是我们现在所说的深蓝色，它寓意娇艳美丽。

　　月白形容的并非白色，而是指淡蓝色，即月亮的颜色。因为古人眼中的月亮并不是白色，而是一种淡蓝色，久而久之月白就成了淡蓝色的意思。

暮山紫，最早出现在王勃的《滕王阁序》中："潦水尽而寒潭清，烟光凝而暮山紫"。诗人站在夕阳下的山前，因为烟雾笼罩，山透出薄紫色的光，因此他把它叫作"暮山紫"。

天水碧，来自南朝李后主的宫廷。据说有一次宫女给衣服染色，结果衣服晚上忘记收，被露水打湿了，第二天却惊喜地发现被露水染出来的衣服变幻出了蓝绿之间的颜色。"自是宫中竞收露水，染碧以衣之，谓之'天水碧'"，"天水碧"由此得名。

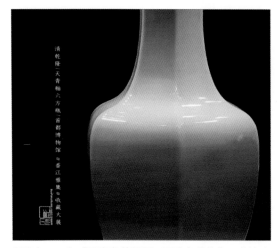

天青色，一句"天青色等烟雨，而我在等你"，令许多人体会了这空濛之色的意境之美。天青色是大雨过后，云彩裂开的缝隙里露出的色彩，有点类似嫩青色，但不是耀眼的青、碧和蓝。有人说，天青色是宋瓷和宋人的底色，清澈通透，似玉非玉。一抹雨过天青，那种不经意的自然美，叫人念念不忘。

朱颜酡，亦作"酡红"使用。"酡"始用于唐，多指饮酒脸红貌，李白诗云"落花纷纷稍觉多，美人欲醉朱颜酡。"此色自带画面感，且颇有灵气，美人如花如玉"酡"态可掬，飞来一点绯色尽添可爱。

6.6 JK 少女风配色

6.6.1 配色描述

JK 少女风配色是笔者本人对 JK 少女照片的归类命名。

本风格分为两大类型，一种是清晰明亮，四处透露着青春、阳光、可爱等少女情怀；另一种包含了情绪、光影，带有泛白的故事味，像漫画一样，通常由朦胧感加光线的组合而成。

这两种类型的前期拍摄手法都一样，需要好的天气和顺光环境，这样拍摄出来的图片透彻，人物肤色匀称。第一种类型的后期类似"小清新"，本书中有相关内容的介绍，这里就不多阐述了。第二种偏向泛白褪色的感觉，通常先做模糊感再做泛白的效果，最后加上复古感就大功告成了。

1 配色参考

识别照片上的主题色调氛围进行模仿，但是本案例不使用色卡进行混合配色，而是使用滤镜效果进行叠加。

2 选取配色

3 配色思路

导入要修饰的照片，先选择"千禧"类中的"幻色"滤镜，因为它可以给整张照片渲染朦胧的氛围感，使整个画面更加柔和。再使用"高级编辑"叠加"千禧"类中的"涩谷"滤镜，使整个画面泛白并带有一点光晕，达到近似过曝的效果。最后加入"复古"类中的"旧照 I"特效，渲染复古感，使整体更和谐，达到类似记忆回放的效果。

6.6.2 应用效果

导入照片后使用两个滤镜进行叠加，来进行初步渲染。

1▶ 操作步骤

01 打开"醒图"App，点击"修图"页上的"导入"按钮，导入拍摄的照片素材。

02 在底部菜单栏中选择"滤镜"，选择"千禧"类中的"幻色"，设置数值为 9，给照片营造一种朦胧感。

03 点击"高级编辑"按钮，再点击"叠加滤镜"，选择"千禧"类中的"涩谷"，设置数值为 25。

 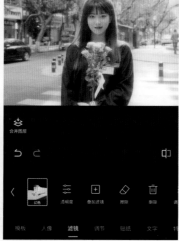 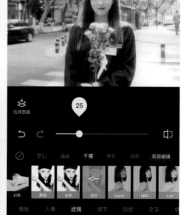

04 在底部菜单栏中选择"特效"，选择"复古"类中的"旧照I"，营造泛白的效果，调整相关参数（"纹理"为 80、"强度"为 68、"滤镜"为 83、"透明度"为 0，这里要根据自己的照片进行具体调整）。

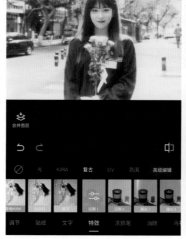 

05 在底部菜单栏中选择"调节"，点击"局部调整"，在衣服位置添加调整点，设置"亮度"为 -49，点击右下角的"√"确认，虚化背景。

06 点击"背景虚化",选择"经典"模式,设置"虚化程度"为69,虚化背景以突出主体。

07 点击画面右上角的小箭头图标保存图片至相册,可在手机相册里查看效果图。

2 ▶ 扩展应用

　　JK 少女风配色是围绕 JK 少女展开的，这类风格大多会使用少女写真的处理手法，画面清新，适用于大众，操作难度不高。前期拍摄时使用大光圈，画面会更加舒适、柔和，适用于情绪记录、写真、DIY 漫画效果，就像电影情节一样。

　　相同的处理手法运用在视频拍摄上一样可行，微微模糊的效果加上褪色，亮度有点过度，整体就像漫画融入现实。大家可以尝试一下用这种色调拍摄一个几分钟的小短片，看看会不会像电影一样。

6.7 | 复古油画风配色

6.7.1 ▶ 配色描述

　　油画源于欧洲，使用油调和颜料作画，在文艺复兴时期非常流行。

　　复古油画风格多以顺光为主，追求唯美，有点西方神话的感觉在里面。既有朦胧之美，细看之下又清晰富有细节，浓郁的色彩加上欧式复古背景，强烈与柔美进行搭配，既矛盾又和谐。画面写意细腻，艳而不俗，带有 20 世纪艺术美学的味道，但本风格较考验拍摄者的审美水平与模特的发挥。

1▶ 配色参考

2▶ 选取配色

3▶ 配色思路

　　复古油画风格有些特殊，因为油画流派众多，按照自己的想法做妆造有可能会缺失古典韵味，所以最好照画进行模仿，掌握精髓之后再进行自由发挥。同时，因为亚洲人面部不够立体，头发偏直，所以可以把头发做成小卷的效果，服饰采用百搭的白色、香槟色。

　　使用"卡其色"色卡，混合模式使用"正片叠底"，再降低些许透明度，即可达到大致效果，最后再做细节调整。

　　前期的拍摄工作到位，可以降低后期处理的难度。

6.7.2 ▶ 应用效果

1 ▶ 操作步骤

01 打开"醒图"App，点击"修图"页上的"导入"按钮，导入拍摄的照片素材。

02 在底部菜单栏中选择"导入图片"，导入"卡其色"色卡。

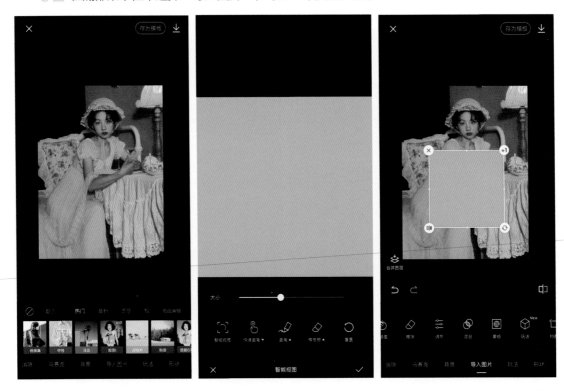

03 点击"混合→正片叠底"，双指将色卡放大至覆盖全图，渲染整体氛围感，设置"透明度"为 71（数值不固定，大家可以根据需求来调整）。

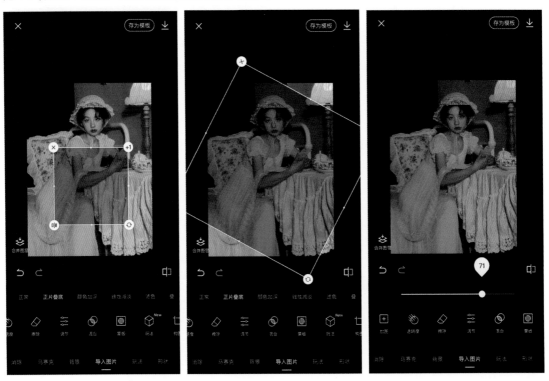

04 在底部菜单栏中选择"调节",点击"智能优化",在脸部添加调整位置。

05 设置"结构"为28、"光感"为12,微微调整面部亮度,同时加强细节。

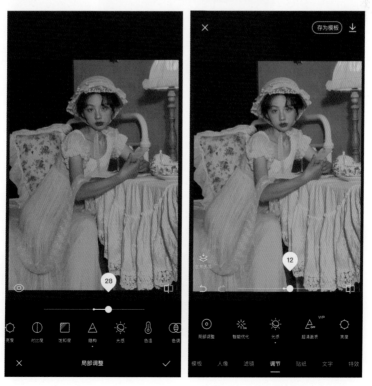

06 设置"锐化"为38、
"结构"为-71，增强整体细节
的同时模糊整体结构，塑造既清
晰又模糊的感觉。

07 设置"色温"为-12、
"色调"为-13，使画面更为复古。

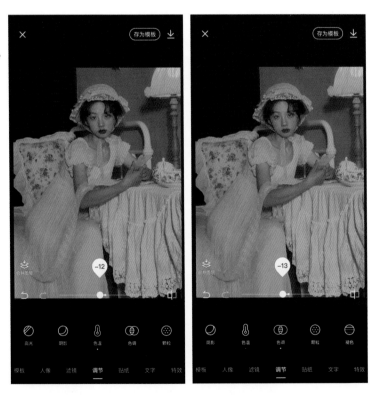

08 点击"背景虚化"，选择"经典"模式，设置"虚化程度"为 25，模糊人物主体以外的环境，突出人物。

09 点击画面右上角的小箭头图标保存图片至相册，可在手机相册里查看效果图。

2▶ 扩展应用

复古油画风配色考验了前期拍摄、妆造、相机设置及后期修图水平。拍摄环境最好是晴天顺光，因为顺光拍出来的照片色彩匀称、皮肤细腻。逆光也可以，但是一定要打光。拍摄时可以配合欧根纱、柔光镜优化画面。不推荐凡士林，因为涂抹不均匀容易造成画面过于模糊，用柔光镜准没错。

6.8 | 胶片感配色

6.8.1▶ 配色描述

胶片是一种附有银盐感光材料的塑料片，作为胶片相机的载件，拍摄后要经过冲洗才能得到照片。

数码转胶片是数码相机流行后出现的风格。胶片照最明显的特点是过曝和噪点，同时带有质感，时尚且富有故事感，备受明星网红的追捧。

使用三原色叠加就能很快得到一张数码转胶片的照片，但这只是初步效果，还需要进行细微调整。

胶片风格的记录感非常强，搭配日系风格，或者关灯在暗环境下用闪光灯拍摄都是不错的。

1▶ 配色参考

识别照片上的主题色调氛围进行模仿，但是本案例不使用色卡进行混合配色，而是使用滤镜效果进行叠加。

2 选取配色

整体的底色是粉色，但是曝光很高，有青春明媚的效果。

3 配色思路

导入要修饰的照片，先选择胶片感的"东京"滤镜，因为它带点暖黄效果，使整体画面有一定的光比提升，再加入"柔光"特效来模糊画面轮廓，调整细节后加入背景虚化，突出人物主体。

6.8.2 应用效果

导入图片，使用"东京"
滤镜就能达到初步效果。

1▶ 操作步骤

01 打开"醒图"App，点击"修图"页上的"导入"按钮，导入拍摄的照片素材。

02 在底部菜单栏中选择"滤镜"，选择"复古"类中的"东京"，套用滤镜使偏黄的画面变得白净。

03 在底部菜单栏中选择"特效",选择"基础"类中的"柔光",设置"强度"为57、"透明度"为24,"柔光"特效用于柔化整体画面,增加氛围感。

04 在底部菜单栏中选择"调节",设置"光感"为31、"对比度"为20、"锐化"为23,提升整体画面亮度和对比度,增加立体感,减少朦胧感,增加细节。

05 设置"结构"为 -36、"色温"为 10、"色调"为 -18，色温偏暖色，色调偏青色，增加氛围感。

06 设置"颗粒"为41、"褪色"为22，加强画面噪点、褪色，都是为了更贴近胶片质感。

07 选择白色曲线进行调整，阴影部分的点是为了压低阴影部分以提升立体感，同时增加泛白效果。调整绿色曲线，添加一点点电影的绿色，因为画面中间调部分没有打点固定，提升阴影部分时会连带提升中间调，所以操作要轻柔。

08 点击"背景虚化"，选择"经典"模式，设置"虚化程度"为 70，增加画面背景的虚化，模拟相机的大光圈效果。

09 点击画面右上角的小箭头图标保存图片至相册，可在手机相册里查看效果图。

2 扩展应用

本小节的内容重点在于画面色彩的分析，以及曲线调整、相机大光圈效果模仿。胶片感配色是非常舒服的一种色调，适用于毕业季、绿皮火车上、公园、海边、夏日等环境下拍摄的照片。同样的操作原理也可用于视频调色。

实践是最好的老师，找张自己拍摄的图实践起来吧！

第 7 章

7

电影配色实战

7.1 《青木瓜之味》电影配色

7.1.1 配色描述

《青木瓜之味》这部电影出自越南裔导演陈英雄，电影画面的颜色基调由深浅不一的绿色、天蓝色、藏蓝色、棕色或米黄色构成，让人感觉绿意盎然、生机勃勃。

这种色调非常有热带感，明媚潮湿、葱绿暖昧，而深浅不一的原木家具、百叶窗等则是氛围感的补充细节。

影片中鲜艳的色彩往往以低饱和的方式出现，画面中的青色也不是单纯的青色，而是由青色与米黄色叠加得到的。

1 配色参考

《青木瓜之味》电影整体呈现出一种独特的绿色调，这种绿色如同一位文艺男主，充满了文艺气息和青春的色彩。它象征着青春的懵懂与美好。

2 选取配色

3 配色思路

因为电影的整体走向为中式委婉主义——含蓄，所以色彩饱和度不能偏高。我们采取色卡叠加的方式快速修出相应的氛围感，"绿色"色卡叠加"米黄色"色卡，就可以得出《青木瓜之味》电影色调。其中绿色为渲染整体的颜色，米黄色可以提升整体亮度，同时为画面带上一点暖色和潮湿感。

7.1.2 应用效果

导入图片，使用"绿色"色卡及"米黄色"色卡叠加，使用"混合"中的"柔光"降低"米黄色"色卡的透明度，稍稍完善细节就能得到《青木瓜之味》电影色调。

1▶ 操作步骤

01 打开"醒图"App，点击"修图"页上的"导入"按钮，导入拍摄的照片素材。

02 在底部菜单栏中选择"导入图片"，导入"绿色"色卡。

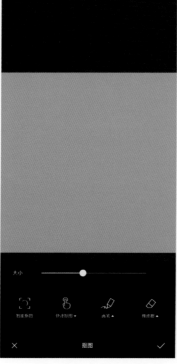

03 选中"绿色"色卡，双指拖动将其缩小放在角落，接着导入"米黄色"色卡，双指拖动将其缩小放在"绿色"色卡旁边。

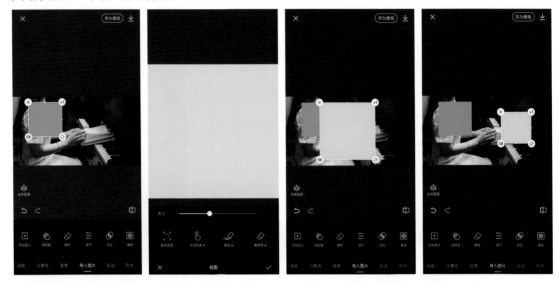

04 选中"绿色"色卡，点击"混合→柔光"，双指将色卡放大至覆盖全图。"绿色"色卡渲染整体画面，"柔光"的叠加方式使画面更加柔和。

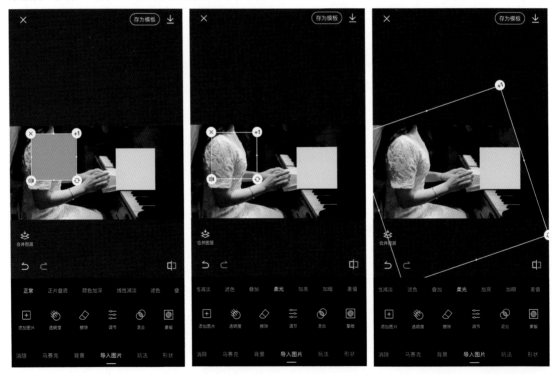

05 选中"米黄色"色卡，点击"混合→柔光"，双指将色卡放大至覆盖全图，设置"透明度"为50。在"绿色"色卡上叠加"米黄色"色卡提亮画面，整体增加暖色，同时因为高光部分的亮度过高，所以降低色卡透明度来调整亮度。

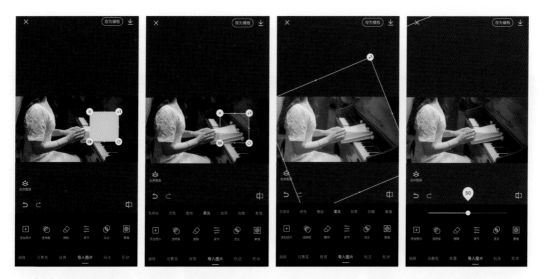

06 在底部菜单栏中选择"调节",设置"光感"为-34、"亮度"为-36、"曝光"为-37(经观察,图片亮度过高,无法达到《青木瓜之味》电影的氛围感,所以重新调整光比修正效果)。

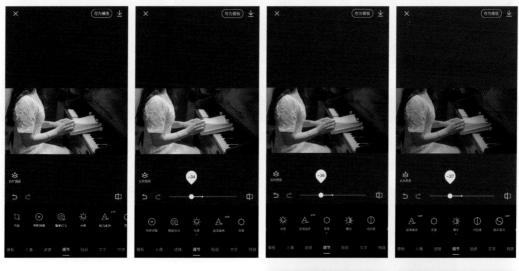

07 设置"结构"为27、"色温"为13,调整画面细节,增加暖色,更显潮湿暧昧之感。

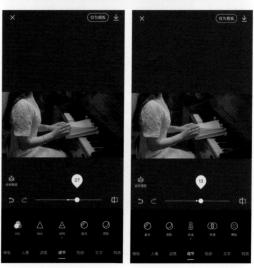

08 在底部菜单栏中选择"特效",选择"基础"类中的"柔光",设置"强度"为78、"透明度"为50,用柔光效果增加画面的朦胧感。

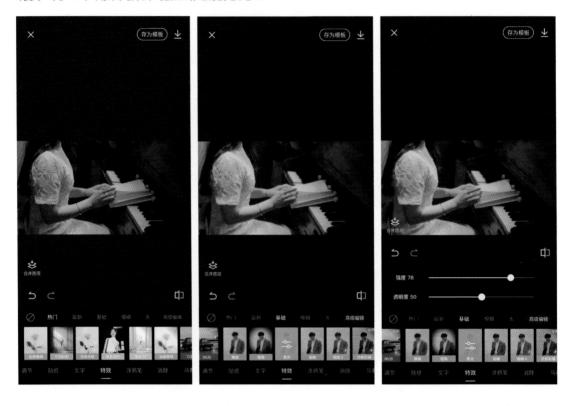

09 点击画面右上角的小箭头图标保存图片至相册,可在手机相册里查看效果图。

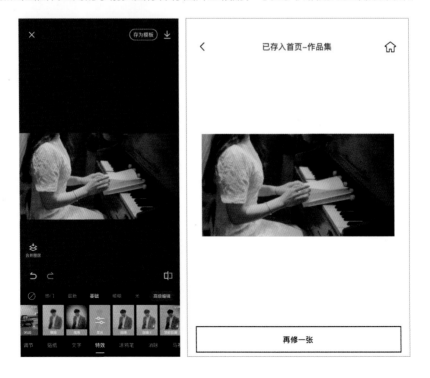

2 ▶ 扩展应用

如果是拍摄写真、Vlog 选用这种风格，就需要搭景，怎么搭呢？

重点在于配色。木质地板、藤编椅子、百叶窗、比较大的绿植、罗马式线条，窗外透光进到屋内，百叶窗随着阳光律动、光线疏而不遮、韵味十足，像画一样。比较适合民国时期的旗袍风格，最好在园林内进行拍摄，或者在复古的南洋建筑风格的场地。

7.2 ▶ 《重庆森林》电影配色

7.2.1 ▶ 配色描述

《重庆森林》这部电影中的"重庆"并不是真正的重庆，而是位于香港尖沙咀的重庆大厦，这部电影打破了百分百天然色彩的电影传统美学原则。

王家卫的电影风格绝对是华语圈中独树一帜的，尤其是对于镜头的独特处理和出色的色调把控，暧昧的灯光、摇晃的镜头、画面中高频率使用的冷暖对比、强烈的色彩、纯度偏低的画面质感都极具现代主义色彩。慢门画面配上粗犷的字体，文艺感溢出画面。配色主题为冷暖对比，使用柔焦镜头，画面有较重的颗粒感。

1▶ 配色参考

分析画面色彩，画面整体偏蓝色，饱和度低，因此提取蓝色、浅蓝色用于画面配色。

2▶ 选取配色

3▶ 配色思路

先按照电影中的色彩基调进行粗略的设想，低纯度画面柔和且带有一定的颗粒感噪点，"深蓝色"色卡用于渲染画面整体，但是颜色偏深，可以叠加"浅蓝色"色卡进行画面提亮，来达到低饱和度且画面明亮的效果。也可以只使用一张色卡来解决，这种方式更为简单。

7.2.2▶ 应用效果

直接使用一张"深蓝色"色卡，使用叠加的方式为环境渲染上蓝色氛围，同时使用曲线工具调整画面中的绿色占比。

1▶ 操作步骤

01 打开"醒图"App，点击"修图"页上的"导入"按钮，导入拍摄的照片素材。

02 在底部菜单栏中选择"导入图片",导入"深蓝色"色卡。

03 点击"混合→叠加",双指将色卡放大至覆盖全图,使用色卡渲染整体效果,为阴影部分叠加蓝色。

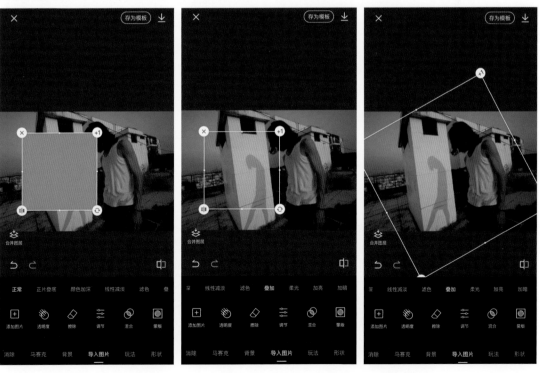

04 在底部菜单栏中选择"特效"，选择"基础"类中的"柔光"，为画面添加失焦感，但是画面亮度会提高，这可以在细节调整中去调节。

05 设置"强度"为 50、"透明度"为 79；在底部菜单栏中选择"调节"，设置"光感"为 14，调整画面失焦朦胧感的强度，以个人喜好为主，同时修正上一步留下的小缺点。

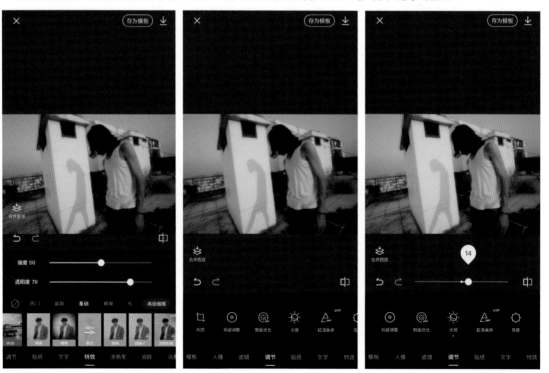

06 设置"亮度"为 -21、"锐化"为 27、"结构"为 29，调整画面整体亮度、光比，同时弥补因为失焦模糊而造成的细节丢失。

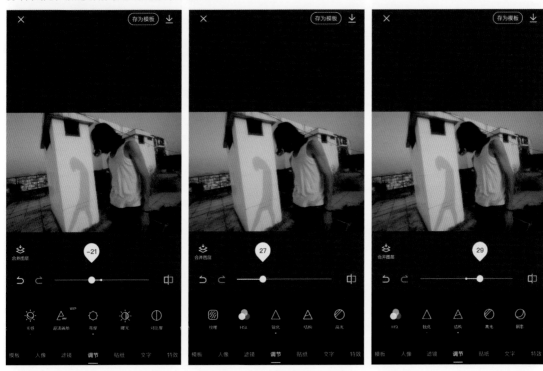

07 设置"色温"为 19、"色调"为 -31、"颗粒"为 42，增加画面暖色，同时使用色调增添绿色，在阴影部分埋下伏笔，增加颗粒感，打造摄像机夜间拍摄效果不佳的感觉。

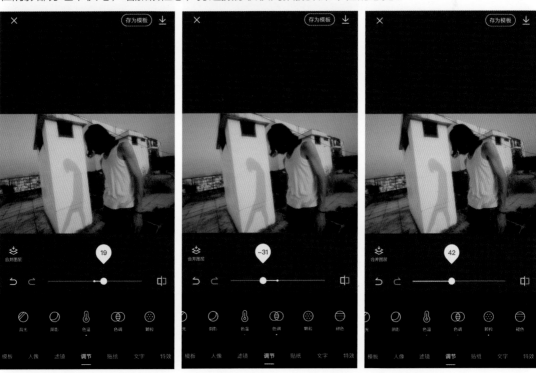

08 点击"背景虚化",选择"经典"模式,在画面中点击焦点虚化背景。

09 点击"曲线调色",调整绿色曲线,完成第 7 步的伏笔,提亮一点高光部分的绿色。

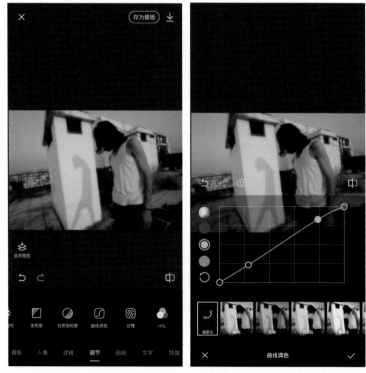

10 点击画面右上角的小箭头图标保存图片至相册,可在手机相册里查看效果图。

2 ▶ 扩展应用

模仿此类型的经典电影配色时，先看一遍经典片段再去行动会事半功倍，下面总结一些拍摄小技巧分享给大家。

（1）超市是非常不错的拍摄场地，可以使人物更生活化，不用刻意去摆动作。

（2）花鸟市场中的小鱼专卖店也是非常不错的，用五颜六色的鱼儿作为背景，再若有所思地看着身边的环境。

（3）贴近大鱼缸，人物与玻璃面反射的倒影相呼应，同样出片。

（4）在街头可以利用慢门拍摄动静结合的照片。

（5）往老商铺旁边一站，一秒出片。

上述技巧在视频拍摄中同样适用，结合远景、中景、近景三种景别效果更佳。

7.3 《教父》电影配色

7.3.1 配色描述

《教父》这部电影的基本色调是一种不沉闷的黑色，光总是从阴影的背面穿过，使整个画面带有一种阴郁而神圣的感觉，而这种感觉始终是在和亮色做对比，在交叉推进中呈现出另一种色调——黄色。

黑黄的搭配使画面压抑、昏黄，但这恰恰是本电影的主题色调。其余颜色的配置中多以棕色、灰色、黑色为主，这其实与前期提过的"黑金"风格有些许相似。

1 配色参考

"咖啡色"色卡取于照片暗部，整体渲染效果很重，同时带有一定故事色彩，使用混合叠加就可非常轻松地得到《教父》电影的主题色调。

2 选取配色

3 配色思路

本节模仿经典电影《教父》的配色，黑、白、灰、黄相互交织，暗部呈现为咖啡色，简单地提取其中的颜色将它变成色卡，叠加在需要调整的图片或视频中，就能轻松地得到想要的古铜色皮肤，呈现偏黄、重色调的画面质感。

这里的黄色更像是色温的点缀，柔化紧张肃穆的氛围，简单的叠加带来不一样的极速修图体验。

7.3.2 应用效果

1 ▶ 操作步骤

01 打开"醒图"App，点击"修图"页上的"导入"按钮，导入拍摄的照片素材。

02 在底部菜单栏中选择"导入图片"，导入"咖啡色"色卡，为下一步渲染整体氛围做准备。

03 点击"混合→叠加",双指将色卡放大至覆盖全图,设置"透明度"为85,"咖啡色"色卡叠加渲染的画面色调过于饱和,因此适当降低"透明度"来降低饱和度。

04 在底部菜单栏中选择"调节",点击"局部调整",为局部明暗关系调整做好准备。

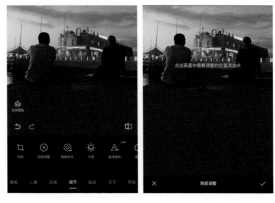

05 在画面右下角、左下角、左边人物、右部分别添加锚点,分别设置右下角"亮度"为 -49、左下角"亮度"为 -45、左边人物"亮度"为 -40、右部"亮度"为 -30,点击右下角的"√"确认,使画面角落降低亮度,从而更加贴近电影画面感。

06 设置"光感"为 -33、"阴影"为 -28，继续调整画面整体光比，突出人物剪影，同时保留一部分亮度介于明暗之间。

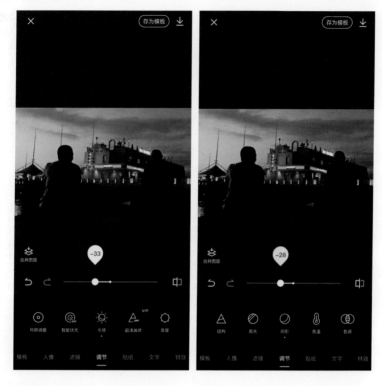

07 设置"色温"为 12、"色调"为 15、"颗粒"为 41，调整画面冷暖的偏向，同时增加颗粒感。

08 调整完后发现亮度还有点高，再次设置"亮度"，将"亮度"设置为 -27，点击"曲线调色"，调整绿色曲线，稍稍压低绿色曲线可增加画面高光部分的暖色调。

09 点击"背景虚化"，选择"经典"模式，选中焦点，设置"虚化程度"为 70，虚化背景以突出人物主体。

10 点击画面右上角的小箭头图标保存图片至相册，可在手机相册里查看效果图。

2▶ 扩展应用

电影《教父》的配色富有严肃、庄重的氛围，特别适合交谈对话场景、个性婚纱、暗系风格化等的创作。拍摄时的灯光布置可设置为：主光源打亮人物右侧脸，轮廓灯打亮人物肩膀，将人物与黑色背景分离出来，同时为背后的墙面布置一盏小灯微微打光，使之更有氛围感，最后在人物左侧脸打一盏辅助光源，给暗部稍稍补光。

7.4 《一代宗师》电影配色

7.4.1 配色描述

《一代宗师》这部电影是王家卫导演十年磨一剑的一部精品电影，也是诗意派电影，画面美得不像话。诗意化这一概念最早源于苏联电影，运用隐喻、象征、节奏等手法表现，就像写诗一样。

电影的色调偏暗且偏黄，运用冷暖对比手法，通过人物和背景的明暗对比来突出主体，其中人物大部分在暖色部分，使画面看起来很舒服。

电影是经典的民国风格，强调构图美学，用经典的大光圈加三分法构图，非常别致。本电影也延续了王家卫喜欢镜子的习惯，有很多与镜子相关的画面。

画面中摇曳不定的灯光，快慢结合的人物动作，明暗分明的高反差与暖黄色相结合，怀旧感满满。

1 配色参考

使用"黄色"色卡进行简单叠加，从而得到电影的配色。

2 选取配色

3 配色思路

先观察需要调整的原片，看看光比是否适合采用这部电影的基调。自我评判完成后，根据电影整体的感觉提取色卡，画面高反差且人物都在暖色部分，提取人物部分的颜色制作色卡，导入色卡进行混合叠加，快速得到电影风格的仿片。

7.4.2 应用效果

只需叠加一张"黄色"色卡就可得到《一代宗师》电影色调，但是要兼顾皮肤颜色的舒适度，这里需要根据照片情况进行具体调整。

1▶ 操作步骤

01 打开"醒图"App，点击"修图"页上的"导入"按钮，
导入拍摄的照片素材。

02 在底部菜单栏中选择"导入图片"，导入"黄色"色卡。

03 点击"混合→叠加",双指将色卡放大至覆盖全图,设置"透明度"为 80,使用"黄色"色卡对画面进行渲染,得到电影色调的基础版本。"黄色"色卡渲染出来的暖色部分过于艳丽,为了追求电影的低饱和度,需要降低色卡的"透明度"来降低饱和度。

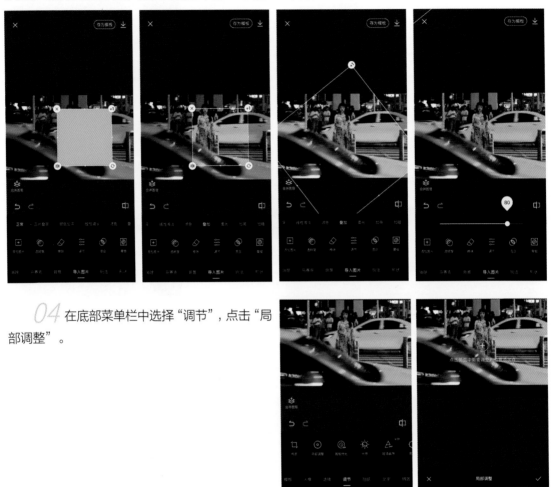

04 在底部菜单栏中选择"调节",点击"局部调整"。

05 在画面右下角、左下角、左上角、右上角分别添加锚点,分别设置右下角"亮度"为 -68、左下角"亮度"为 -67、左上角"亮度"为 -56、右上角"亮度"为 -57,点击右下角的"√"确认。这一步是为了对背景做压暗处理,让画面背景与人物主体形成强对比,从而突出人物。

06 此时画面背景与主体对比不够，需要进行微调。设置"光感"为 -49、"亮度"为 -13、"结构"为 -57，降低"结构"柔化画面，去除一部分噪点。

07 点击"曲线调色"，调整白色曲线，提高高光部分的亮度，压低阴影部分的亮度，增强明暗对比。

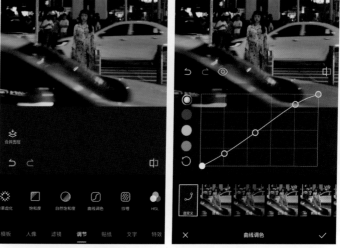

08 点击画面右上角的小箭头图标保存图片至相册，可在手机相册里查看效果图。

2 扩展应用

　　《一代宗师》这部电影带动了一波"新中式"国潮，既有古典韵味又有现代潮流风格，但是想驾驭这种色调，对于简约美需要有一定的积累，因为新中式比较讲究简约大气。这种风格的写真也是非常受欢迎的，女生的旗袍写真、国民书生写真，或者两者结合——旗袍与长马褂，中式高级感一下就上来了。

　　这种风格的照片主要讲究意境美，简约大气、耐看。采用大光圈拍摄，构图上采用三分法构图、黄金点分割，把几张局部特写拼在一起，可能会更有感觉。拍摄地点选择江南小楼、茶馆、园林、古城区。拍摄时还可以引导模特手里拿些小东西，眼神游离，像是有心事一般，会更有感觉。

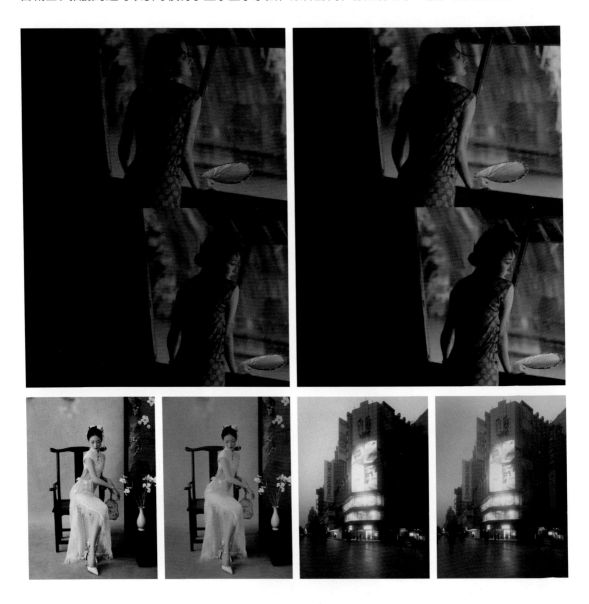

7.5 《怦然心动》电影配色

7.5.1 配色描述

《怦然心动》这部电影整体颜色偏复古，对比度适中，色调柔和，主题色是温馨治愈不惹眼的鹅黄色，小女孩脸颊的品红是爱情萌芽的颜色。虽然影片的色调没有彩虹那般绚丽，但回忆起来总让人不由得沉浸在那片朦胧中，然后勾起嘴角，浅浅笑起来，回忆往昔青葱岁月。

这部电影带有一点夏天的暖色，其中太阳下的光晕更是点睛之笔，不愧为记录恋爱成长的青春之歌。简而言之，就是"恋爱初体验"，因此在修图时，也要以心动、粉红、朦胧、少女的色彩为主。

1 配色参考

本次使用了三张色卡，分别为"白色""黄色""粉红色"，这三张色卡叠加可以得到电影效果，叠加方式分别为"柔光""正片叠底""柔光"，这里使用的是混色原理。

2 选取配色

3 配色思路

模仿《怦然心动》电影配色的原理："白色"色卡用于提亮整体画面与朦胧感，"黄色"色卡用于叠加暖色基调，"粉红色"色卡主要用于添加一抹少女感及恋爱初体验的甜蜜感。

每种色卡都不能过于饱和，不然会造成画面舒适感丢失，变成风格化创作。

7.5.2 应用效果

原图脸部稍稍带有一点小瑕疵，先做一下美貌还原，同时图片相比我们模仿的配色缺失了朦胧感及粉红色的氛围，可以通过叠加"白色""黄色""粉红色"色卡补足缺失元素。

1 ▶ 操作步骤

01 打开"醒图"App，点击"修图"页上的"导入"按钮，导入拍摄的照片素材。

02 对于人像类的作品，在后期调整中首先要进行美颜，处理瑕疵。在底部菜单栏中选择"人像"，点击"自动美颜"，设置"匀肤"为43。

03 美貌还原大法：祛斑祛痘、祛法令纹、平整皮肤，赶走瑕疵，更显青春靓丽。设置"磨皮"为 48，开启"祛斑祛痘"，设置"祛法令纹"为 61。

04 美白肤色，让皮肤透亮水嫩，设置"美白"为 47，点击右下角的"√"确认。

05 在底部菜单栏中选择"导入图片"，导入"白色"色卡，将其缩小放置在一边。

06 用同样的方法导入"黄色"色卡（添加色卡的同时不能让色卡直接重叠在一起，否则容易搞混）。

07 接着导入"粉红色"色卡。

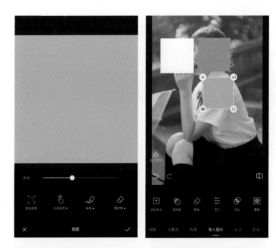

08 选中"白色"色卡，点击"混合→柔光"，双指将色卡放大至覆盖全图，设置"透明度"为 19。增加画面亮度，同时增加一定的朦胧度。

09 选中"黄色"色卡，点击"混合→正片叠底"，双指将色卡放大至覆盖全图，设置"透明度"为 20。补充画面暖色调，增添夏日阳光的氛围感。

10 接下来给画面添加粉色调，体现电影的"恋爱初体验"主题。选中"粉红色"色卡，点击"混合→柔光"，双指将色卡放大至覆盖全图，设置"透明度"为 65，营造一种脸红心跳的暧昧感。

11 在底部菜单栏中选择"特效"，选择"基础"类中的"柔光"，设置"强度"为 42、"透明度"为 40，增加画面朦胧感。

12 在底部菜单栏中选择"调节"，设置"光感"为 -17、"亮度"为 -13、"结构"为 -31。因为"柔光"效果使画面亮度偏高，需要再次调整画面光比，减少"结构"，柔化画面。

13 接下来增加暖色调，高光部分增加品红色。设置"色温"为15，点击"曲线调色"，调整绿色曲线。

14 点击画面右上角的小箭头图标保存图片至相册，可在手机相册里查看效果图。

2 ▶ 扩展应用

心动电影配色关键词：成长、温馨、治愈，就像朱莉与布莱斯的恋爱初体验，非常适合情侣一起观看。

这种色调适用于炎炎夏日拍摄的生活记录、少女写真、情侣合拍。可以将几个小细节拼在一起，别具故事感。也可以尝试用本节介绍的方法对夜间拍摄的照片进行调色，可能会有不一样的收获。兴趣是最好的老师，实践是检验的标准，大家用照片进行实操吧！